石质园林 小品

李展平 ◎ 编著

化学工业出版社

·北京·

此书是化学工业出版社（2009.7）出版的《木质园林小品》的姊妹篇，是一本石质园林小品设计和营造的工具书。全书采取图文并茂的形式，汇集2000余张实例图片，分别用四个篇幅，即石质园林小品概论；各种石质园林小品形式、构造与施工；石质园林小品实例图录；石质园林小品的场地应用与艺术效果等进行系统地阐述与点评。可供城市、景观、园林、市政工程设计人员，各建设业主，石作企业和石作艺人以及爱好石质小品的读者参考。

图书在版编目（CIP）数据

石质园林小品 / 李展平编著. —北京：化学工业出
版社，2012.10
ISBN 978-7-122-14821-6

Ⅰ. 石… Ⅱ. 李… Ⅲ. 园林小品－园林设计
Ⅳ. TU986.4

中国版本图书馆 CIP 数据核字（2012）第 158967 号

责任编辑：左晨燕   装帧设计：关 飞
责任校对：边 涛

出版发行：化学工业出版社（北京市东城区青年湖南街13号　邮政编码100011）
印　　装：北京画中画印刷有限公司
787mm×1092mm　1/16　印张18¾　字数400千字　2012年11月北京第1版第1次印刷

购书咨询：010-64518888（传真：010-64519686）　　售后服务：010-64518899
网　　址：http://www.cip.com.cn
凡购买本书，如有缺损质量问题，本社销售中心负责调换。

定　　价：128.00元

前言

　　石质园林小品是指利用石质材料通过人工艺术雕琢与创作所形成的富有园林艺术价值的小品。它包括含有中华文化元素的华表、门枕石、抱鼓石、御路石、石灯笼、石雕艺术品、石坊、石桥、石塔；满足于构筑物、建筑物功能要求的石屋、石墙和须弥座、栏杆建筑构件；配套于交通功能的矴步、埠头、石坎；供游人休息、导向的石桌、椅、凳、导游牌、指路标牌和富有孤赏价值、整体观赏价值的置石、假山、山水盆景等。

　　石质材料的园林小品具有悠久的历史和文化底蕴。由于其坚固耐磨，不易风化；体量小巧，造型精美；精心雕琢，富有艺术价值；造型取意，体现文化和易于主题突出，画龙点睛；满足功能，兼顾景观之特点，被广泛地应用于各类现代城市公园（城市广场、商业场所）、名胜风景区（历史建筑古迹）、皇家园林（宫廷府第、皇宫、衙署、殿堂、御园、宫囿、花园及古建筑）、宗教园林（寺、庵、堂、院，道教及祠、宫、庙、观等）、私家园林（我国南北的私家庭院、园林建筑）以及各种纪念性陵园（帝王陵园、民间陵园）和古城、沿海、山区防御性建筑之中，为城市景观、园林景观、商业景观以及景观的文化性创造奠定了基础。石质园林小品作为景观元素之一，不仅能创造丰富的园林艺术景观，同时更能代表着一种地方文化。为此，深得大众的喜爱。

　　为了让读者了解、熟悉和掌握石质园林小品的有关知识，本书录用2000余张实例图片，以图文并茂的形式分别用四个篇幅，即石质园林小品概论；各种石质园林小品形式、构造与施工；石质园林小品实例图录；石质园林小品的场地应用与艺术效果等进行系统地阐述与点评，以达到理论和实践的结合，为石质园林小品的营造创造基础性的条件。

　　此书是化学工业出版社（2009.7）出版的《木质园林小品》姊妹篇，它的顺利编著和出版得益于有关文献资料的参考和国内外相关成功案例的借鉴及化学工业出版社的大力支持与帮助，在此向案例的建设者及有关人士表示深切的谢意。由于作者水平有限，编著时间较短，书中的不妥之处在所难免，敬请专家、读者不吝指正。

李展平

2012年3月于温州市区划龙桥河畔

目 录

石质园林小品概论

本章内容介绍:

- 石质园林小品概念
- 石质园林小品特点
- 石质园林小品类型
- 石料选用与加工
- 传统石作通则
- 石料和石景搬运的注意事项

第一章

一、石质园林小品概念

石质景观，包括人工石景和天然石景两部分。人工石景就是利用石质材料通过人工精心设计、艺术加工，并通过艺术营造的手段将其合理布置于各类园林绿地、城市广场、商业门面、林地墓地及其他场地中，创造和产生富有一定文化内涵，具有功能作用的石质景观；天然石景是指自然形成的，具有一定艺术价值的自然石质景观。

石质园林小品是石质景观中的一种园林艺术小品，是指利用石质材料通过人工艺术设计，精心创作，融入环境，所形成的富有园林艺术价值的石质小品。包括通过艺术加工并注入中华文化元素的华表、门枕石、抱鼓石、丹陛石、石雕（狮子）、石灯笼及石雕艺术品等；通过人工石作，为满足功能要求的建筑构件须弥座、台阶、栏杆以及矴步、埠头、石坎、石墙、石坊、石桥、石塔、石屋等构筑物和建筑物；通过人工制作，提供游人休息和导向的石桌、椅、凳、导游牌、指路标牌等；天然造型的富有孤赏价值的太湖石艺术石景及其他置石、假山和岩石山体石景等（具体类型见图1-1 ~ 图1-3）。

二、石质园林小品特点

石质园林小品无论依附于其他景观或建筑中，还是相对独立成景，都能起到美化环境、提升文化品位的作用。其主要特点如下。

① 坚固耐磨，不易风化。石质园林小品不仅具有坚固耐磨、防火防水、不易被人为损坏的特点外，同时还不易风化，能保持长久的造型形态。如明孝陵百年人物和石狮石雕，至今代代留传，展示于风景区。

② 体量小巧，造型精美。石质园林小品以石雕艺术小品为主，其体型小巧，造型精美为人赞叹。如中华华表的形态优美、祥云龙腾的石雕，古建筑中花瓶形的柱础圆雕，造型别致的石灯笼艺术等都具有造型精美，小巧玲珑之感。

③ 造型取意，体现文化。石质园林小品的造型和图案雕饰既有实用意义，又有其深厚的文化含义，体现了深厚的中华民族文化内涵。如石鼎和香炉的造型、石匾额的字体书法及抱鼓石的造型取意等均代表着民族的文化。

④ 精心雕琢，富有艺术。 石质园林小品的加工和雕刻几乎都经过了精心的构思和设计，其精悍的雕琢技艺，富有很高的美术性和艺术性。如各种形态生动的动物石雕，门前的门鼓石、抱鼓石，石拱桥的栏杆石雕等都充分体现了其艺术含量。

⑤ 点缀环境，易于成景。石质园林小品具有材料的天然性，在造园中易于点缀环境，形成自然而富有艺术的景观。如石灯笼、栏杆、桌、椅、凳、石坊、导游牌、指路标牌及各种石雕艺术等都能点缀环境，创造丰富的城市或园林景观。

⑥ 主题突出，画龙点睛。石质园林小品作为一种城市或园林景观的艺术品，在景观布局时往往与绿色植物进行有机结合，突出其石景主题，产生点与面

的视觉对比，起到园林景观的画龙点睛作用。如草坪或灌木丛上（中）的假山孤置；不同广场上的华表、图腾柱；墙体上所锲的石花窗等都体现主题景观的艺术。

⑦ 应用广泛，融入环境。石质园林小品在园林造景中时常布置于庭院或其他绿地，融入环境，创造景观，具有较为广泛的应用性。如石雕塑、假山、置石、栏杆、地面铺装、台基、石亭等在园林规划和实例中常常得到应用。

⑧ 满足功能，兼顾景观。石质园林小品作为艺术品不仅在园林中起到造景作用，而且还满足了建筑物构件的功能性需求。如石坎、埠头、石桥、石亭、门鼓石、导游牌、指路牌、石碑、石桌、石椅、石凳、建筑台基、古建筑中的石柱等都不同程度地满足了其功能的要求。

总之，石质园林小品的八大特点，充分体现了其形态的小巧性、加工艺术的精美性、画龙点睛的主题性、融入内涵的文化性、造型精美的艺术性、广泛的应用性和与环境的协调性等。

三、石质园林小品类型

石质园林小品由于其具有大小不一，形式多样，种类繁多，相互交叉，应用复杂等特殊性，因此我们在分类时只能从布局和使用的整体来进行区分，大致有三种分法。

一是按发挥景观的作用来分，可分为构件类、小品类、建筑类，见图1-1。

二是按服务的性质来分，可分为生产工具类、生活使用类、休息服务类、建筑功能类、装饰艺术类、导向展示类、人文景观类、山石品赏类等，见图1-2。

三是按场地的应用来分，可分为应用于历史名胜风景区的石质小品，应用于皇家园林的石质小品，应用于寺庙及宗教园林的石质小品，应用于陵园和祭祀性园林的石质小品，应用于私家园林的石质小品，应用于古城防御守卫及纪念性园林的石质小品，应用于现代城市园林的石质小品，应用于民居宅第别墅庭院的石质小品，应用于交通、水利设施的石质小品，应用于商业场地的石质小品等，但有时可能出现交叉应用，见图1-3。

```
                    ┌─────────────────────┐
                    │   按发挥景观的作用来分   │
                    └─────────────────────┘
```

■ 构件类：
主要有地面铺装、台基（包括台阶、踏跺、垂带石、须弥座、御道、御陛石、柱础、栏杆、夹杆石等）、门（包括石门臼、门框、门槛、门枕石、匾额等）、花窗等石质园林景观

■ 小品类：
主要有石制农工具、石缸、水钵、花钵、石井台、花坛、石墩、抱鼓石、石栏杆、石桌、石椅、石凳、石灯、各种石雕、刻石、雕塑（包括人物石雕、动物石雕、宗教五供石、园林浮雕及摩崖刻石等）、指示牌、标识牌、华表、石柱（包括文化柱、图腾柱、广场柱等）、置石、山石盆景、假山、石头宴、石鼎、香炉、石日晷、石碑、照壁、石坊（石牌坊、石牌楼）、石亭、廊、石坎、石矴步、石桥、埠头、码头、石墙等石质园林景观

■ 建筑类：
主要有石塔、石舫（船）、石屋等石质园林景观

图1-1 石质园林小品类型（一）

■生产工具类：主要有各种石制农工具（包括石磨、石碾子、石碓、石杵、石砣、秤锤等）石质园林景观

■生活使用类：主要有各种石缸、水钵、花钵、石井台、石矴步、石坎、埠头、码头、石灯笼、石桥、门（包括石门臼、门框、门槛、门枕石、匾额等）、石屋等石质园林景观

■休息服务类：主要有石桌、石椅、石凳、花台边缘的矮墙、石亭、廊、石舫（船）等石质园林景观

■建筑功能类：主要有台基（包括台阶、踏跺、垂带石、须弥座、御道、御陛石、柱础、石栏杆、夹杆石等）、门（包括石门臼、门框、门槛、门枕石、匾额等）、石墙等石质园林景观

■装饰艺术类：主要有地面铺装、御陛石、各种石雕（包括人物石雕、动物石雕、植物石雕）、刻石（摩崖刻石）、石花窗、石灯、石灯柱、石柱（文化柱、图腾柱、广场柱）、门鼓石、抱鼓石、照壁、置石等石质园林景观

■导向展示类：主要有导游牌、指路牌、说明牌、标识牌等石质园林景观

■人文景观类：主要有石鼎、香炉、宗教五供石、石日晷、石碑、华表、石坊（石牌坊、石牌楼）、石塔以及石雕、壁雕等石质园林景观

■山石品赏类：主要有山石盆景、假山艺术、石材创意（石头宴）等石质园林景观

按服务的性质来分

图1-2 石质园林小品类型（二）

按场地的
应用来分

■应用于历史名胜风景区的石质小品：如摩崖刻石、石桌、石椅、石凳、石坊（牌楼）、石桥、石亭、石塔等景观

■应用于皇家园林的石质小品：如台基、石雕、刻石、石碑、石桌、石椅、石凳、石日晷、华表、照壁、石坊（牌楼）、石桥、石船（舫）等景观

■应用于寺庙及宗教园林的石质小品：如台基、石雕、石缸、水钵、门鼓石、石桌、石椅、石凳、石灯、石碑、摩崖刻石、石桥、门（包括石门臼、门框、门槛、门枕石、匾额等）、石坊（牌楼）、石亭、石塔等景观

■应用于陵园和祭祀性园林的石质小品：如台基、石雕、刻石、石缸、水钵、石桌、石椅、石凳、石灯、石碑、石鼎、香炉、宗教五供石、石桥、石坊（牌楼）、石亭、石塔、石屋等景观

■应用于私家园林的石质小品：如台基、石缸、水钵、石井台、石桌、石椅、石凳、石磨、石雕、抱鼓石、石灯、石碑、门（包括石门臼、门框、门槛、门枕石、匾额等）、石坊、山石盆景、假山艺术等景观

■应用于古城防御守卫及纪念性园林的石质小品：古城防御守卫园林，如古城墙、古城门、石灯、石雕（人物石雕、动物石雕、刻石）、石屋等；纪念性园林如石柱、石雕（人物石雕、动物石雕、刻石）、石亭、石坊（牌楼）、石塔等景观

■应用于现代城市园林的石质小品：如石柱（文化柱、图腾柱、广场柱）、石雕（人物石雕，动物石雕、抽象石雕）、石桌、石椅、石凳、石桥、石亭、石坊（牌楼）等景观

■应用于民居宅第别墅庭院的石质小品：如台基、门鼓石、门（包括石门臼、门框、门槛、门枕石、匾额等）、石井台、石桌、石椅、石凳、山石盆景、假山艺术、石桥、石坊（牌楼）等景观

■应用于交通、水利设施的石质小品：如石矶步、石坎、埠头、码头、石桥、石雕（人物石雕，动物石雕、抽象石雕和刻石）、石亭、石坊（牌楼）等景观

■应用于商业场地的石质小品：如商业门面的石雕（抱鼓石、石狮），商业大厅的水钵、石灯、石桥，商业街入口石坊（牌楼）等景观

图1-3 石质园林小品类型（三）

四、石料选用与加工

1. 石料种类

常用于制作石质园林小品的石料主要有：青白石、汉白玉、花岗岩、太湖石、黄石、雨花石、鹅卵石等景观石料。

■青白石：有青石、白石、青石白踏、豆瓣绿、艾叶青等。一般用于栏杆、门鼓石石雕，石坊、石亭、石桥建造，宫殿建筑台基等，如左图1-4青石门鼓石。

■汉白玉：是大理石的一种，多用于宫殿建筑中带雕刻的须弥座、御路、柱础、栏杆、石碑以及门枕石、抱鼓石、石灯、石日晷、华表等各种石雕（如中图1-5汉白玉栏杆），也有大理石材料作为地面铺装等。

■花岗岩：种类繁多，因产地和质感不同，有南方出产的麻石、金山石和焦山石等，北方出产的豆渣石或虎皮石等，其适用广泛，常用作台阶、踏跺、垂带石、栏杆、地面、石桌、石椅、石凳、石矴步、石坎、埠头、码头、石桥、古城墙、石坊、石亭、石塔等，如右图1-6花岗岩墓塔。

■太湖石、黄石、雨花石、鹅卵石：一般用于山石盆景、置石、假山、石材创意作品及地面铺装的石质景观等（下页图1-7太湖石假山、图1-8黄石置石、图1-9雨花石、鹅卵石）。

左：图1-4青石门鼓石
中：图1-5汉白玉栏杆
右：图1-6花岗岩墓塔

图1-7 太湖石假山

图1-8 黄石置石

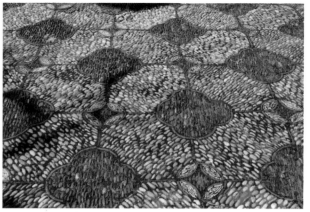

图1-9 雨花石、鹅卵石

2.石材挑选

石料由于其品质、数量和开采地等不同，石料质地也有所不同。我们在石料开采后拟制园林小品的石材挑选上应注意其颜色、花纹、质感和石材是否有缺陷和瑕疵等问题。如何挑选石材，具体来说：一是要将石材表面清洗干净，仔细查看其表面是否有缺陷；二是要观察石材的颜色、花纹及花纹走向和质感的均匀性是否符合设计与使用要求；三是要用铁锤轻击石材检查是否有隐残（如铁锤轻击石材当当作响，表明石材上没有裂缝和隐残，石材完整；如有扒拉声，说明该石存在隐残，建议不要使用）；四是要注意避免冬天选材，因冬天石缝中的水可能结冰，无法判断石材的完整性和可使用性，因此建议冬季不易选石。

3.石材加工

主要有石料的开采、荒料的加工及规格性石材的处理和施工现场的加工。

（1）石料加工（开采地加工）

■ 石料开采：分为人工开采和爆破开采两类。爆破开采又分微爆破开采和大爆破开采两类。如大理石、花岗石、青白石、太湖石、黄石常常用人工开采和爆破开采相结合。

■ 荒料加工：开采出来的大石块叫做荒料，一般用金刚石圆盘锯进行锯解加工成石材（石板、石块）。经过锯解的石材统称为毛料。

■ 毛料加工：对荒料加工后的毛料按照规格的要求进行锯解、抛光加工。板材抛光，抛光设备有多种，有小型手扶式和大型全自动式抛光机。毛料通过金刚砂锯锯解成一定规格的板材后进行抛光，抛光一般使用金刚砂作磨料。

（2）石材加工（施工现场加工）　在施工现场需要对石材进行现场加工，比如按设计和建造的要求对石材进行打平、改小、切角、凿孔（打孔）、抛光等加工。其工具一般使用手提式切割机、打孔机和抛光机等为主。

4.石材加工的工具

① 现代加工工具：有小型手扶式和大型全自动式金刚石圆盘电锯（切割机）、小型手扶式和大型全自动式电动抛光机（磨光机）以及打孔机、角磨机等。

② 传统加工工具：有錾子、揳子、扁子、刀子、锤子、花锤、斧子、剁斧、哈子、刹子以及其他大锤、尺子、弯子、墨子、平尺、画签、线坠等。

五、传统石作通则

石作是指对小品类和建筑构件类的石材进行加工和制作。但也有较大型的构筑物和建筑物整体的建造。如台基中的须弥座、御路、柱础、栏杆，台阶、踏跺、御道中的御路石，门台两侧的门枕石、抱鼓石等构件制作；石坊（牌坊、牌楼）、石亭、石廊、石坎、石桥、石塔、石船（舫）、石屋等构筑物或建筑物整体的建造；又比如石磨、石碾子、石水碓、石杵、石砣的制作以及其他小品的创作等。不管是构件的制作，还是构筑物和建筑物的整体营造，始终离不开石材的加工、建筑构件的制作、构件之间的榫卯等搭接制作、石材的艺术雕刻和建筑整体的安筑等。因此，石质园林小品或建筑的建造不管如何变化，其石作通则一般有如下几个方面。

1.石料加工的基本工序
主要是从确定荒料至打道等所加工的各道工序（见图1-10）。

注：在规格尺寸以外1～2cm处弹出的墨线叫做"扎线"，把扎线以外的石料打掉，叫做打扎线。

图1-10 石料加工的基本工序图

2.石料加工的手法
主要有劈、截、凿、扁光、锯、刺点、砸花锤、剁斧、打道和磨光等手法。
① 劈，是用锤和揆子将石料裂开。
② 截，是用剁斧或斧子和锤把长条形石料截断。
③ 凿，是用锤子和錾子将石料多余部分打掉。
④ 扁光，是用锤子和扁子将石料表面打平、剔光。
⑤ 锯，是用锯将石料锯开。
⑥ 刺点，是凿的一种手法，用锤子和錾子进行凿石面，操作时錾子应立直。
⑦ 砸花锤，是在经凿打已基本平整的石面上用花锤进一步将石面砸平。需要磨光的石料不宜砸花锤。
⑧ 剁斧，是用斧子（将软石料）或哈子（将硬石料）剁打砸花锤后的石面，一般需剁打2～3遍，为打细道或磨光做准备。
⑨ 打道，是用锤子和錾子在基本凿平的石面上打出平顺、均匀的浅槽。
⑩ 磨光，是用磨头（磨石）沾水将石料表面磨光。

3.石料表面加工的做法

常用砸花锤、剁斧、打道、磨光的做法使石料表面做到由糙至细。对不磨光的石料表面加工主要采取打道工序，其表面的精细度（从糙至细）与打道密度有很大的关系，如一寸长的宽度内打三道，叫"一寸三"，打五道，叫"一寸五"，两者属糙道；"一寸七"和"一寸九"属细道；"一寸十一"以上属高级细面，常用于制作须弥座及陈设几座。

4.石雕的做法

石雕，又称雕刻，是雕、刻、塑三种创作方法的总称，是石作的重要手段之一，与大部分石质园林小品的精致程度和立体形态变化有着密切的联系。它的制作工艺与手法，大致有浮雕、圆雕、镂雕、透雕、线刻、平雕等多种形式。

① 按传统的雕件表面造型来看，主要分类如下。

传统的雕件表面造型

■ 浮雕，即在石料表面雕刻出有立体感的凸出图像，是半立体型的雕刻品。根据石面雕刻所脱石的深浅程度不同，可分为浅浮雕和高浮雕。浅浮雕是单层次雕像，内容比较单一，没有镂空透雕；高浮雕是多层次造像，内容较为繁复，多采取镂空透雕手法。浮雕常用于建筑物的照壁、石墙装饰、抱鼓石和故宫的御道（御路石）等（图1-11~图1-13）。

■ 圆雕，将石料每个面都进行加工，常用于单体拟造型的立体艺术品。其工艺以镂空透雕技法和精细剁斧见长，多数以单一石块雕塑，也有多块石料组合而成的综合立体艺术品。如动物、人物等单体石雕，城市广场人物组合石雕等（如图1-14）

■ 镂雕，也称镂空雕，是圆雕中发展而来的，属圆雕技法之一。它的手法是把石材中没有表现物像的部分掏空，把能表现物像的部分留下来，是360°的全方位雕刻。如常见的寺庙中房屋的龙凤立柱石雕，口含石珠门前狮雕等（图1-15）。

■ 透雕。在浮雕作品中，保留凸出的物像部分，而将背面部分进行局部镂空，称为透雕，透雕是浮雕技法的延伸。透雕与镂雕的不同表现为，两者都有穿透性，但透雕的背面多以插屏的形式来表现，有单面透雕和双面透雕之分。单面透雕只刻正面，双面透雕则将正、背两面的物像都刻出来。不管单面透雕还是双面透雕，都与镂雕有着本质的区别，那就是镂雕是360°的全方位雕刻，而不是正面或正反两面（图1-16）。

■线刻，是一种古老的雕刻技艺。顾名思义，以线条形式刻画图形。常用于石雕（雕像）上刻画较细的线条等。

■平雕，是在石料表面进行凹进雕刻所创造的立体图像。如印章雕刻。

CHAPTER 1
CHAPTER 2
CHAPTER 3
CHAPTER 4

上左：图1-11高浮雕式鼓形抱鼓石
　　　浅浮雕式箱形抱鼓石
上中：图1-12浅浮雕式青石标识
上右：图1-13高浮雕式御道丹陛石

下左：图1-14圆雕形式的动物
下中：图1-15镂雕形式的狮子
下右：图1-16透雕形式的雕塑

② 石雕制品的加工工序：

一般从石料选择到制品组装等一系列加工工序，见图1-17石雕制品的加工工序。

●石料选择 → ●模型制作 → ●坯料成型 → ●制品成型 → ●局部雕刻 → ●打细抛光 → ●清洗 → ●制品组装等

图1-17 石雕制品的加工工序

5.构件的连接和小品整体的安装

（1）构件连接 是指小品或建筑物构件之间的连接，其方法主要有自身连接、铁件连接及构件之间黏合材料的粘固等。

① 自身连接。主要有榫卯连接、做止口（又叫"磕绊"）相接、做仔口连接等方法。

● 榫卯连接，也就是将构件作榫和榫窝进行连接。

柱础连接：柱与柱础的连接。如右上图1-18柱与柱础结合的实例，右下图1-19柱础榫窝实例，左图1-20柱与柱础作榫和榫窝大样。

　　栏杆连接：柱与梁（或扶手）、栏板连接。柱、栏板间用榫连接，一般均一柱一板相间。如左上图1-21、左下图1-22柱、梁作榫和榫窝连接的大样图。右上左图1-23、右上右图1-24栏杆柱与梁（或扶手）、栏板连接的实例；右下图1-25栏杆柱与扶手、栏板连接的实例。

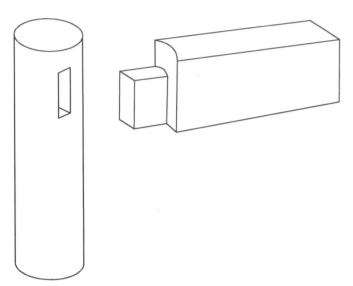

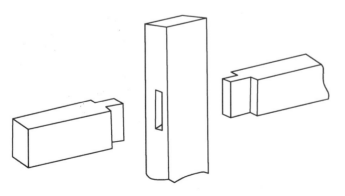

石坊连接：牌坊，柱与夹杆石（或抱鼓石）的作榫和榫窝连接。如中上图1-26、中中图1-27柱与夹杆石（或抱鼓石）的连接大样；牌楼，柱与梁的作榫和榫窝连接。如右上图1-28牌楼柱与梁、楼的连接大样。

●做止口（"磕绊"）相接。一般用于台基（基础）构件的堆叠，塔、亭檐口部分的外挑构件砌筑等。如中下图1-29构件的止口（"磕绊"）相接大样（左图为单边止口，右图为双边止口），下右图1-30须弥座台基利用止口相接形成的束腰实例。

●做仔口连接。一般用于板与板、板与梁的叠接砌筑或叠涩砌筑。此法通常用于塔、亭檐口部分的外挑构件连接，须弥座台基的束腰处理，门窗洞口，藻井等构件砌筑。如左下图1-31仔口连接大样（左图为双边仔口，右图为单边仔口），左上图1-32亭檐口外挑构件的砌筑实例。

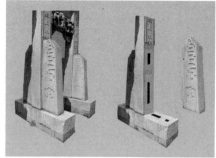

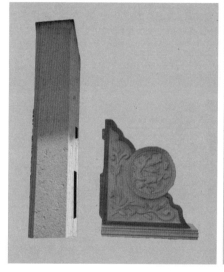

仔口连接

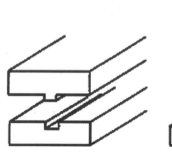
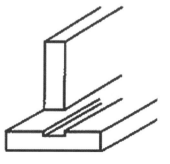
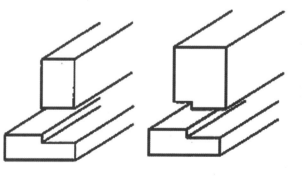

② 铁件连接。主要有扒锔连接、银锭连接和拉扯连接等方法。其做法为凿锔眼，安扒锔铁件；凿银锭槽，安银锭铁件；凿拉扯槽，安拉扯铁件；同时还应在铁件与石构件之间灌注粘接剂等。

●扒锔连接，又叫卡榫连接。石板连接处用"U"形铁件加以固定的砌筑方法。如右上图1-33石板间U形铁件固定的扒锔连接。

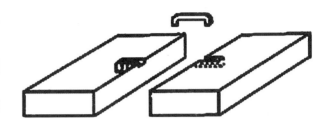

●银锭连接，又叫"头钩"连接。石板间用两头大，中间小的铁件进行固定的砌筑方法。如右中图1-34石板间用银锭连接的大样，左上图1-35、左下图1-36用银锭连接桥墩条石的实例。

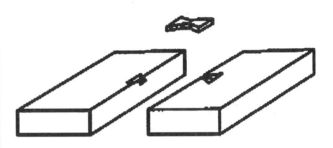

●拉扯连接，又叫拉榫连接。用"T"形铁件固定侧石板的砌筑方法。如右下图1-37用拉扯连接石板的大样。

③ 构件之间的粘固。主要有石灰浆黏合、米浆和石灰黏合、水泥砂浆黏合和环氧树脂黏合等方法。

（2）小品整体的安装 见第二章有关小品的施工与安装程序。

六、石料和石景搬运的注意事项

① 搬运前的准备工作。为了安全，不受损失，确保质量，可根据不同情况，按产品规格大小、质量、路程的远近、运输方式的不同等做好准备。规格大的石料（石构件）或石景应用质地坚硬的木枋牢固钉架；梁、板可用木板条、铁匝打捆；异型产品、工艺品要用纸箱、木箱包装，保护好锐角；对洁白易污染石景严禁用有色的塑料和草绳打捆，以免染色。

② 用吊车或插车安装上车时注意的事项：钢丝绳应牢固；板材或石构件的放置其大小要均匀；吊车挂钩应在中心位置，被吊车悬在空中时，切勿摆动；抽钢丝绳时要快、不硬抽，以防划破板材表面；操作者要精神集中，严禁闲人靠近；用吊车装卸石材（石构件）或石景时应检查周围有无高压电线和妨碍操作的建筑。

③ 短距离搬运最好用小型拖车，车的长短应与石材（石构件）或石景适宜；车架、车胎要完好，搬运要平稳。

④ 石料（石构件）或石景装前、卸后时，人工搬运要将其竖立抬搬，严禁平抬，以免折断；搬运人员要戴手套，勿穿拖鞋。

⑤ 施工工地搬运可以用抬运。

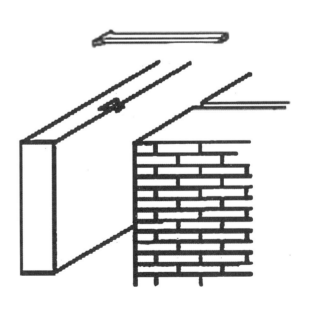

各种石质园林小品形式、构造与施工

本章内容介绍：

- 石雕小品
- 石质地面铺装
- 台基、台阶、垂带石、御道和御路石
- 门
- 石墙和石坎
- 埠头、码头
- 石矴步、石桥
- 石坊
- 石亭
- 石塔
- 石舫
- 石屋
- 置石、山石盆景
- 假山

第二章

石质园林小品因地方文化的差异、历史背景的不同、景观造景要求的不同和使用功能、服务对象的不同，便产生了各具地方特色的人文性造型、艺术性造型和功能服务性造型等石景，从而形成了不同风格的园林石质小品和园林石质建筑物（包括古建筑的石质构件）景观。由于石质园林小品种类繁多，形式多样，构造不一，难以区分和识别。因此，为了让大家更好地了解和掌握石质园林小品的各种不同形式、不同形态、不同构造、不同作用及文化内涵和各主要小品、建筑石构件、石质建筑物的单体或整体的施工工序，特结合实例在本篇对其逐一进行介绍和分析。

一、石雕小品

1. 石制农工具、石器皿

石制农工具：农具是农民在从事农业生产过程中用来改变劳动对象的器具。石制农工具是指非机械化的石制农业生产及使用工具，也称农用工具，或称农业生产工具，包括石磨、石碾子、石碓、石臼、石杵、石砣、秤锤等。

石器皿：是以石材制作的器皿，包括石缸、水钵、花钵等。通常用以盛装物品或作为摆设的一种物件，小至花瓶（水瓶），大至水钵、花钵、水槽、石缸等。石器皿的形状千姿百态，各有不同。为满足人们不同的需求，其形状有瓶式、碗式、杯式、槽式、盒式及兽形器皿等，如上图2-1碗状石缸。

■ 基本形式与构造

石磨，是用人力或畜力把粮食去皮或研磨成粉末的石制工具。通常由两个圆石组成，上圆石称上扇，下圆石称下扇；两扇磨的接触面上都錾有排列整齐的磨齿（纹理），两扇磨之间有磨脐子（铁轴），以防上扇在转动时从下扇上掉下；上扇设置两个（小磨一个）磨眼，供漏下粮食用；下扇一处设有出口嘴，让磨碎的粉末溢出；磨的下扇为不动盘，上扇则为转动盘。当粮食从上方的磨眼（孔口）进入两层磨面中间时，通过上层磨面的转动将粮食沿着纹理向外运移，磨碎粮食，形成粉末。如中图2-2石磨。

石碾子，常被农村家庭置于院中，用来对作物或谷物进行脱皮用的农具。它由碾滚子、碾盘、碾架子三部分构成。碾滚子，由石材制作成滚筒状，其造型较小；碾盘，由整块石料打制成圆形的石盘，碾盘一般平置于架子上，中心有孔（便于谷物集中收集），或无孔；碾架子为石制或木制，如上页下图2-3石碾子。

石碓，由石臼和石杵两部分组成，是用石材凿成的舂米谷或捣药材等物用的器具。石臼形状类似石盆，中间内凹为锥形；石杵为一锥形石墩，外形与石臼凹面吻合，石杵后端接一握手木杠（小型石碓其石杵后端没有木杠）。石臼外形有圆形、方形和半圆形等，如图3-3各种形态的石碓、石臼、石杵。

水钵，是用来贮水以备烹茶之用的石器皿，大小如同普通花盆，款式多样。

水瓶（花瓶），石材雕制的瓶，其形式如同花瓶，修颈垂肩，平底，有提柄或无提柄。如上右图2-4花瓶。

花钵，种植花木用的一种石器皿。一般口大底小，成倒圆形或倒棱形，质地为细砂岩或其他石材，通常经过雕刻而制。

石缸，有方形、长方形、六角形、八角形、圆形、椭圆形等造型，它的表面往往有雕刻纹饰，其内容涉及天文地理，山川河流，花草鸟木，人物禽兽，神道佛法，民间故事，神话传说等。纹饰的寓意多为吉祥如意，平安祝福等含义。

2. 井台与花台

井台，井口上的石围栏，也称井栏。如上左图2-5六角井台。

花台，以确定花坛范围而用石材制作的石材围栏，称为石花台。

■ **基本形式与构造**

井台，有四方形、长方形、六角形、八角形、圆形等形式，其高度在400～800mm左右，有些井台外侧有吉祥图纹雕刻。

石花台，一般是指高出地面的花坛侧石。其高度通常在250～500mm，宽度在200～500mm，能坐人。

3. 石墩与石桌、凳、椅

石墩，通常有一定的宽度和厚度形成的石头墩子，可坐人或摆设物品。

石桌，是指在公园、庭院中供游人临时摆放东西或交流时所需的公共设施。

石凳、石椅是指在公园、庭院中供游人休息、谈心而坐的公共设施。

■ **基本形式与构造**

石墩，有方形、圆形、多边形等形状，其高度通常在250～500mm。

石桌，通常有长方形、方形、圆形、六角形、八角形等形状，由桌柱、桌脚、桌面组成，其高度通常在800～1000mm。

石凳，一般成条形，由凳脚和凳面组成，但也有曲线形、环形、六角形、八角形等，高度通常在250～500mm，宽度在400 mm左右。

石椅，有椅脚、椅面和椅靠（或称美人靠）组成。它的形式有长方形、方形、曲线形、环形、圆形、半圆形、六角形、八角形和直线加曲线的组合形、仿生与模拟形等。

4. 石碑与指示牌

石碑，是把某项功绩、功德以文字的形式刻于石上，以传后世而立的碑志。

指示牌，是指在某一区域内指示方向、辨别方向的牌子。

■ 基本形式与构造

石碑，通常由四部分组成，上为碑首，雕有"盘龙"；中为石板刻以文告、中下部分为龟趺、下为须弥座（如上右图2-7石碑）。但也有些石碑只有石板刻文和须弥座组成（如上页下图2-6民间石碑）；或有碑首、石板不刻文及台基组成（如上左图2-8明十三陵石碑）等多种形式。

指示牌，形式多样，通常由牌柱和告知面（刻以文字和示意图）等组成。

5. 石鼎、香炉、石日晷

鼎，古代视为立国的重器，是政权的象征。"鼎"字也被赋予"显赫"、"尊贵"、"盛大"等引申意义。

香炉，是指焚香的器具。对华人来说是最熟悉的一种祭拜供具。它不但是佛寺中的佛门法物，也是华人家庭中常用供具。比如家庭中供祖先时都在供桌上端端正正地放着一个香炉焚香祭祖；佛教徒家里佛像前、道教徒拜神明时都不忘放一个香炉作焚香之用。

石日晷，是古代用以观测日影测定视太阳时的天文仪器。

■ 基本形式与构造

石鼎，一般由鼎足、鼎身和鼎耳三部分组成。有三足的圆鼎和四足的方鼎两类。石鼎表面通常刻有纹饰，比如兽面纹、风纹雷纹、龙形纹、龟鱼纹、曲折纹、云雷纹、蟠螭纹、几何纹、竹节纹、菱形纹、直纹、斜纹、六山纹、叶纹等几十种。如下左图2-9石鼎。

香炉，佛教中也称为宝鼎，其造型一般相似于鼎，但有些香炉与鼎的造型又不一样，主要区别在于香炉的顶盖上。香炉除了方形以外，还有圆形、长方形和多角形等形状，其表面大部分刻有不同的花纹和文字，表示用途的不同。

石日晷，由晷针和晷面两部分构成。晷针叫"表"，石制的圆盘叫"晷面"，一般安放在石台（须弥座）上，呈南高北低，使晷面平行于赤道面，晷针的上端指向北天极，下端指向南天极，北京故宫里就有石日晷。如下右图2-10清华大学的石日晷。

6. 石灯

石灯，是寺庙里一种别具特色的石质小品，象征佛光普照，直至永远的意思。由于石灯有着小巧精致、枯寂玄妙、抽象深邃的特点，现如今在公园、庭院造景中时常得到应用。

■ 基本形式与构造

石灯，由灯笼、体柱和台柱三部分组成，上部为灯笼造型，像一个小亭子的屋顶，中间体柱挖空，内置灯火，下部为台柱。如上图2-11石灯。

7. 石雕

石雕，是指用石质材料通过艺术创作和精心雕琢而形成的一种艺术品。它具有一定空间的可视、可触的艺术形象和造型；是反映自然现象、人民生活状况、社会进步历史和表达人们情感的美术艺术品。现在城市绿地中有着广泛的应用。如广州的五羊雕塑（石雕）等。

石雕按独立单体分，主要有动物石雕、植物石雕、人物石雕和抽象石雕等四大类。

① 动物石雕。有龙、凤、狮子、麒麟、獬豸、鹰（猫头鹰）、鱼、龟、猫、狗、兔子、虎、海豚、鸡、鸭、鹅、象、鹤、企鹅、蛙、熊、鸽、牛、鹿、蜗牛、猪、老鼠、孔雀、蛇、猴、鳄鱼、马、鸟、海马、骆驼等（如图3-43 ~ 图3-64各种动物石雕）。

② 植物石雕。有各种植物的花、果、叶和整体植物等。

③ 人物石雕。有中外宗教人物、古代中式人物（文臣石像）、古代西式人物、现代中式人物、现代西式人物等（如图3-65 ~ 图3-73各种神态的人物石雕）。

④ 抽象石雕。有各种人物、动物及其他形象的抽象石雕（如图3-74各种抽象的城市园林石雕）。

上述石雕基本采用圆雕、镂雕、透雕和浮雕、线雕等雕刻形式进行艺术创作。

以石狮为例：狮，具有镇邪、祛恶、保佑之含义，国人非常崇拜，是信奉的吉祥物。石狮，源于汉代的建筑装饰，是受古波斯国进贡真狮的影响而发展起来的。在我国石雕史上，元、明、清三代是石狮最辉煌的时期，其雕刻艺术以圆雕技法为主，并辅以浮雕、线刻等工艺。

■ 基本形式与构造

石狮的造型有大有小，各具形制，有蹲立式、蹲坐式、卧式、行跃式、倒爬式等多种。

我国的石狮有南、北两种造型风格。南方石狮，其造型细腻纤巧，圆秀柔美，含有动态变化；北方石狮，则古朴粗犷，强健而又剽悍。北方石狮是中国石狮的正宗源流，特别是北京石狮，多属护卫型宫廷石狮，端庄、规矩，威武厚重。最典型的为北京天安门前的两对大石狮，系整块汉白玉雕琢而成，装饰华丽精致，雕工细腻纯熟，彰显皇家气派。下左图2-12、下中图2-13为北方石狮，具有威武厚重的风格；下右图2-14为南方石狮，有着"妩媚"、"发嗲"之神态。

8. 华表与石柱

华表，又名恒表、表术，通常立于建筑物前面作为标志和装饰之用，是中国一种传统的建筑形式。与华表有着同样作用而立于陵墓墓道前面的石柱，称墓表。

石柱，包括文化柱、图腾柱、广场柱等，常常用来体现当地的一种文化。

■ 基本形式与构造

华表，由三部分组成。下部为须弥座（基座）；中部为柱身（以圆形为主，也有八棱形、方形等），刻有云龙图案，柱身顶部横一云板；上部柱头饰承露盘，盘中蹲坐一怪兽，叫"犼"，俗称"朝天吼"。它一般成对而立，筑于宫殿、陵墓前，个别也有立在桥头及城市重要区域。如上右图2-15北京天安门前的华表，上左图2-16南京明孝陵神道上墓表。

石柱，一般为独立柱，柱体刻有图案或文字等，起装饰场地景观之用。

9. 石花窗、石照壁和摩崖刻石

① 石花窗，是庭院或建筑中分割空间、装饰建筑环境，满足建筑功能所需的一种构件形式，它是既具有实用功能，又带有装饰效果的石制园林小品。石花窗一般多见于古典建筑中，但在现代园林建筑中也依然有广泛的应用。它的花格形式通常采用复古式，有人物、花草、动物、博古、文字和其他几何图案等组合，用以体现一定的文化底蕴。

■ 基本形式与构造

石花窗一般由窗框和框内花表图案组成。窗框形式有圆窗、三角窗、菱形窗、六角窗、矩形窗等几何造型；有突出文化气息的书卷空窗、花瓶窗等仿形造型；有梅花窗、桃形窗、葫芦窗等仿自然植物造型等。框内的图案形式更加丰富多样，有荷花、梅花、葵花、海棠、牡丹、菊花、麦穗及树叶、花边、花结等植物图案；有卧蚕、龟背锦、蝴蝶、龙及鱼鳞等动物图案；有万字、亚字、回字、井字、十字、工字、福字、禄字、寿字等字形图案；有轱辘线、冰裂纹、波链纹、绳纹等线条图案；有八角、六角、三角、四方、套方、半圆、镜圆、椭圆、套环、方胜、瓶形、直棂、书条川、青条川、整纹川、菱形、方格、斜纹、毯纹、风车纹、插角乱纹、软脚纹、步步锦、灯笼锦、回云纹、古钱绵纹及如意纹等各种几何图案；有人物、植物与动物有机组合的复合型图案等；以此构成了植物、动物、字形、几何图案等数十种相互交错，寓意深刻，吉祥如意的石花窗图案样式，如下图2-17庭院中复合型图案的石花窗。

② 石照壁，也称影壁，或称"屏风墙"，是中国传统建筑中特有的建筑形式，一般布置在大门前或大门内，作为一种屏蔽的构筑物，在明朝非常流行。

■ 基本形式与构造

石照壁，通常有一字形和八字形两种形状，它的整体构造可分为上、中、下三个部分。下部为须弥座基座；中部为照壁心，雕刻龙或其他图案；上部为墙帽，

类似于房屋的屋顶和檐头。其中北京北海公园的石制照壁属典型的石制照壁之一，民间很少见，如上左图2-18为古代石制照壁、上右图2-19为现代石制九龙壁。

③ 摩崖刻石，是指利用天然的石壁以刻文纪事的形式进行刻石，是石刻类别中的一种。其做法是就地铲平一块石壁勒刻文字。它的特点是形无定制、内容自如地石刻文字，字一般都较大，但也有石刻图案的。如泰山的摩崖刻石、福州东郊的鼓山摩崖刻石等。

■ 基本形式与构造

摩崖刻石，不仅有篆文、魏碑、隶书、楷、行草、宋等字体形式的刻石体系，同时还有文学、人物生平、历史、医药和水利等方面内容的图文刻石体系等，如下图2-20石林摩崖刻石。

10. 柱础石

柱础石，宋称柱础，清称柱顶石，俗又叫磉盘，是放置在建筑柱下的石制构件。古人为使落地屋柱不受潮湿腐烂，在柱脚上添上一块石墩，使得柱脚与地坪隔离，起到防潮作用；同时也是为扩大柱下承压面，加强柱基的承压力而设置的。为此，柱础得到了广泛的使用。

■ 基本形式与构造

柱础石，有单层柱础和多层柱础两种。其外形通常由顶、肚、腰、脚等四个部分组成。

单层柱础，主要有覆盆式、覆斗式、基座式、鼓圆式等。其外形有扁圆形、方形、鼓形、瓜形、覆盆莲花形、花瓶形、宫灯形、六锤形、梯形、兽形、雕狮形和须弥座形等形态，它的外表面往往刻以图纹雕饰，如动物（盘龙、狮兽）、人物、花木（榴花、牡丹、蕙草、莲花）、吉祥图及化生之类的纹饰图案等，反映当地风土民情等内容。柱础的莲瓣（莲花）纹饰一般为主流图案。如下页上左图2-21单层式鼓形柱础、下页上右图2-22单层式覆盆莲花形柱础。

多层柱础，是由两种以上不同形式的单层柱础重叠而成，如多层莲瓣形等。

石柱

柱础：
　顶部
　肚部
　腰部
　脚部

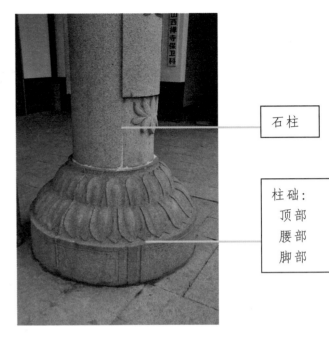

石柱

柱础：
　顶部
　腰部
　脚部

11. 石栏杆

石栏杆，是桥梁和建筑台基上为保护人身安全和划分空间而设的石构件。

■ **基本形式与构造**

石栏杆，有节间式石栏杆和连续式石栏杆两种。其构造通常由栏杆柱（也称望柱）、柱头（也称望柱头）、扶手、横挡、栏板、底座及夹杆石等组成。扶手支撑于栏杆柱上，夹杆石则是栏杆整体的重要组成部分。在传统栏杆的设计上栏杆首柱或尾柱边都安置有类似于抱鼓石形式的夹杆石，主要起稳固石柱、防止倾斜和装饰作用，但也有些栏杆没有设置夹杆石。如下图2-23人物花板栏杆，下页左图2-24带夹杆石的石栏杆，下页右图2-25为建筑台基上不带夹杆石的石栏杆。

在皇家宫殿中石栏杆的设置有所不同，一般须弥座台基边往往设有石栏杆，每栏杆望柱（栏杆柱）下多增设一石雕"龙头"作为排水口，以利台基表面排水，称为"螭首"，如图3-61"螭首"石雕。

石栏杆设置的高度有高、中、低之分，高栏其高度一般在1.1～1.3m；中栏高度一般在0.8～0.9m；低栏高度一般在0.2～0.3m。栏杆柱的间距一般在0.5～2m。

柱头　　　　花板栏杆

柱头

栏杆扶手

栏杆柱

夹杆石

垂带石

台阶

柱头

栏杆扶手

栏杆柱

栏杆花板

象眼

须弥座

12. 门枕石、抱鼓石

门枕石，俗称门礅、门座、门台、镇门石等，是专为门槛内外两侧安装及稳固门扉转轴的一个功能性石质构件，因其雕成枕头形或箱子形，所以称门枕石。

抱鼓石，是门枕石的一种。因它形似圆鼓，又不带门轴槽等构件而承托于石座之上，故称石鼓、门鼓、圆鼓子、螺鼓石、石镜等。在我国传统民宅、寺庙山门等大门前时常可见，一般分立于宅门（山门）入口处的左右两侧。如北京四合院的垂花门、徽州祠堂的版门以及寺庙山门等建筑门槛两旁的圆形抱鼓石雕。还有一种传统牌楼建筑中类似于抱鼓石的夹杆石，也叫门挡石，是牌楼建筑所特有的重要构件之一，主要是起稳固楼柱的作用等。

■ 基本形式与构造

① 门枕石，有方和圆两种造型形式。据说方形门枕石（即箱形门枕石），象征书箱，所以文官（儒士）家宅大门两侧的门枕石为箱形；圆形门枕石（即鼓形门枕石），象征战鼓，所以武官（武士）家宅大门两侧的门枕石为鼓形。方箱式门枕石，其构造一般为一立方体，四面都刻有不同的纹样，有些方箱式门枕石在箱体上还雕刻着兽吻或狮子等；圆墩式门枕石，其构造一般由三部分组成，下段为方形的须弥座基座，中段为矩形或梯形，上段为圆形，有的在圆鼓上雕刻兽吻或狮子等。

　　一般来说，须弥座是整个门枕石的基础，刻有莲花等形状，上面通常有锦铺；抱鼓是一个竖立着的鼓，在鼓面和鼓的侧面通常雕刻着各种吉祥纹样，如刻有蝙蝠（寓意福在眼前）、刻有穗、瓶、鹌（寓意岁岁平安）、刻有蝠、鹿、兽（寓意福禄寿）和麒麟卧松、犀牛望月、蝶入兰山等，也有做成五个狮子（寓意五世同居）等图案。如上图2-26左、中、右和左上图2-27鼓形门枕石，右下图2-28。

　　② 抱鼓石，有方和圆两种造型。其构造一般由三部分组成，下部为方形须弥座；中间为鼓形（也称鼓镜），饰以花纹浮雕；上部透雕狮子。抱鼓石的纹样题材主要有瑞兽祥云、花鸟虫鱼和器物什锦等图案。它的鼓镜部分其雕饰图形有麒麟卧松、犀牛望月、蝶入兰山、五世同堂等，以转角莲最为常见，有的还刻有三狮戏球（三世戏酒）、四狮同堂（四世同堂），五狮护栏（五世福禄）等图案；鼓顶上往往雕成狮形，有站狮、蹲狮或卧狮；鼓座多浮雕着牡丹、荷花、芙蓉、葵花以及如意纹、卷草纹、祥云纹等纹样，生动有趣。如左下图2-29箱形抱鼓石、下中图2-30上部雕狮的抱鼓石。

13. 石雕小品的制作

　　上述石雕小品在石材挑选和石材加工的基础上，通常采用高浮雕、浅浮雕、透雕、圆雕、镂雕及线雕等相互结合的雕刻手法进行制作，展现石雕小品的艺术性和文化性（具体石雕方法和技艺详见"第一章——五、传统石作通则——4.石雕的做法"章节）。

二、石质地面铺装

石质地面铺装，是指用石质材料通过图案艺术组合的形式，将地面进行铺筑。

■ 基本形式与构造

石质地面铺装，主要有板材铺装、块石铺装、卵石铺装、砾石铺装、组合石质铺装及石板雕刻铺装六大类型。

●板材铺装，主要有花岗岩和青白石等板材铺装。石板根据面层的质感不同，又分为磨光面、亚光面、火烧面、手凿面、机凿面、自然面石板等（其中：磨光面和亚光面石板，是指通过对毛板进行研磨抛光和按规格锯开等加工，使其厚度、平整度、光泽度和颜色、花纹均匀度等达到要求而成的板材；火烧面石板，是通过火焰喷烧将其表面部分颗粒热胀松动脱落，所形成起伏有序的粗饰花纹表面石板；手凿面石板，是通过楔裂、凿打、劈刹、整修、打磨等方法将毛坯加工成所需表面的石板，如若礁面、网纹面、锤纹面、斧凿面等；机凿面石板，是将不同质地的石材表面进行拉丝、打磨等方法处理，所形成的不同图案花纹的石板，常见的面层主要有荔枝面、拉丝面和龙眼面等；自然面石板，是指不做特别加工，表面高低悬殊，具有立体感的石板）。

●块石铺装，主要有花岗岩、青白石块石铺地。这些石材铺装一般只做简单的表面处理，以自然面为主，强调自然形式的表面质感。如上图2-31花岗岩块石整体图案铺装。

●卵石铺装，由于卵石材料颜色丰富，自然古朴，且体积又小，易于拼贴成不同的图案，故常常以拼图的形式铺装于公园园路或广场等处。常见的卵石有普通鹅卵石、五彩石和雨花石等。如中图2-32鹅卵石铺装。

●砾石铺装，由于砾石具有极强的透水性和天然性等特点，在公园造景中不仅容易创造出极其自然的铺地景观效果，而且还能为植物提供理想的生长环境。因此，常被用于自然式的郊野公园，来体现自然、野趣的园路景观。如下右图2-33砾石拼贴的图案式整体铺装艺术。

●组合石质铺装：利用花岗岩、青白石、大理石、卵石、砾石等材料，通过图案形式的拼接、组合和艺术处理，形式有机的铺装整体，产生富有变化的铺地艺术效果，如下左图2-34为卵石拼贴的图案式整体铺装艺术。

●雕刻石板铺装：通过对花岗岩或青白石或大理石等板材表面的研磨抛光等平整处理，刻上具有地方文化特色的图文，铺装于地面，产生公园的文化意境。

■ 地面石铺装施工与安装程序

●熟悉设计图纸，做好原地面施工前的平整及清理准备。

●材料准备。

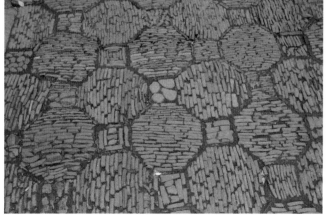

准备好地面铺装的石材，并按设计尺寸的要求加工完整。

准备好黏合材料，如水泥（425号普通硅酸盐水泥）、砂等。

● 石作机具准备。

墨斗、水平尺、直角尺、小线、木抹子、橡皮锤或木槌、靠尺、石材切割机、磨石机及其他常用施工工具。

● 石材地面铺装操作程序。

大理石、花岗石板材铺装施工操作程序：

清理基层→弹线→调制水泥砂浆→安装标准块→铺贴→灌缝→清洁→养护等。

碎拼大理石、花岗石或卵石铺装施工操作程序：

基层清理→找平层抹灰→调制水泥砂浆→铺贴→清洁→养护等。

三、台基、台阶、垂带石、御道和御路石

1. 台基

又称基座，系高出地面的建筑物底座。通常用以承托建筑物或弥补建筑物不甚高大雄伟的欠缺，并对建筑物起到防潮、防腐等作用。

■ 基本形式与构造

台基，有普通台基和须弥座二种。

● 普通台基，自上而下由压栏石、角柱石（阶条石）、间柱及条石（石板）等构件组成。它的外立面通常为平整、无凹凸做法，但有些台基外立面有吉祥纹样雕刻。如上左图2-35福建泉州天后宫中的雕花戏台台基，上右图2-36上海豫园内无雕花戏台台基，下左图2-37、下右图2-38上海豫园内"舫"的无雕花台基，下页右图2-39福建泉州文庙中无雕花的普通台基。

●须弥座，是台基的一种，由佛座逐渐演变而来。通常须弥座侧面上下凸出，中间凹入，凹凸线脚有纹饰等，其构造和详细做法在宋《营造法式》中已有规定："上下逐层外凸部分称为叠涩，中间凹入部分称束腰，其间隔以莲瓣等"。须弥座的使用一般多用于大型宫殿、寺庙建筑、佛塔、华表、石鼎、香炉、石日晷、石碑、门枕石（抱鼓石）及佛像的基座。如左图2-40浙江嘉兴盐官海神庙建筑须弥座；下页左上图2-41北京天坛须弥座；下页左下图2-42北京故宫须弥座；下页右图2-43融中外建筑艺术之特点，创造建筑造型美的浙江南浔古镇刘氏西洋别墅建筑（其台基为须弥座）、下下页图2-44、图2-45、图2-46南京明孝陵中残存的建筑物须弥座。

栏杆柱（望柱）　栏杆头（望柱头）　压栏石　间柱　象眼

角柱石（阶条石）

须弥座　栏板　夹杆石　台阶　条石（石板）

须弥座

"螭首"石雕排水口

罗马柱

须弥座

垂带石

台阶

"螭首"石雕排水口

须弥座

角柱石

上左：图2-44南京明孝陵建筑台基——
　　　须弥座
　右：图2-45南京明孝陵须弥座台基转
　　　角部分（一）
下左：图2-46南京明孝陵须弥座台基转
　　　角部分（二）

2. 台阶、垂带石

① 台阶，是指用石材砌成一阶一阶供人上下行走的阶梯。

■ 基本形式与构造

台阶，有建筑门前（或建筑台基）台阶和广场（公园绿地）台阶两类。

建筑门前台阶，也称踏跺，可分为三种类型，踏跺与御路组合称御路踏跺；踏跺与垂带石组合称垂带踏跺；踏跺两边不设垂带石称如意踏跺。三种类型台阶从竖向标高看，御路踏跺高于垂带踏跺，垂带踏跺高于如意踏跺。如右上图2-47御路踏跺，右中图2-48垂带踏跺，右下图2-49如意踏跺。

广场（公园绿地）台阶，也称踏步。台阶（或踏步）有直线台阶、L形台阶、弧形台阶和折线台阶四种类型。如左图2-50广场（公园绿地）中的各种形式台阶。

② 垂带石，是指斜置于台阶（踏跺）两侧随阶梯坡度而按的条石，宋代称为"副子"。

■ 基本形式与构造

垂带石，有表面平整、表面弧形和表面带雕刻修饰三种形式（详见图3-138～图3-142垂带石）。

御路

台阶（踏跺）

垂带石

折线台阶

弧形台阶

直线台阶

弧形台阶

台阶（踏跺）

3. 御道和御路石

御道，也称御路，通常由祥云腾龙图案雕刻的御路石铺置而成，是专供古代皇帝走的路（也就是说皇帝进出宫殿时多以乘舆代步，轿夫（太监）行走于两侧台阶（踏跺）上，把坐在辇舆中的皇帝从御路石上空抬而过，于是多将御路石雕刻成祥云腾龙图案，以示皇帝为真命天子之意）。御道一般位于中国古代宫殿中轴线上，不能让其他人行走。由于御道使用功能的特殊性，后来亦为寺庙、孔庙（文庙）等所沿用。如右上图2-51御道（孔府）。

■ 基本形式与构造

御道，通常由台阶（踏跺）和御路石组成。

御道，一般斜置于台阶（踏跺）中央而形成坡道，两侧则各有较窄的台阶（踏跺）。

御路石，也称陛阶石或丹陛石。通常由单块或多块石料（石板）组成，石板表面往往进行艺术雕刻和加工，形成带有祥云腾龙图案的浮雕石制品。如明清宫殿主殿和主殿门中间的台阶（踏跺）是皇帝专用的御道。又如右下图2-52寺庙御路、左图2-53御路石。

4. 台基、台阶、垂带石、御道、柱础、栏杆、夹杆石等施工与安装程序

无论什么小品或建筑总是自下而上地进行砌筑。台基、台阶、垂带石、御道、柱础、栏杆、夹杆石等施工与安装也不例外，其程序如下。

① 对建筑台基和台阶按照设计图纸进行放样。

② 石作建筑台基、台阶基础。应先安装台基（普通台基或须弥座基座）及台阶条石，安砌时应放水平安装线和外露面平整安装线，砌筑材料的尺寸要符合要求；而后逐层砌筑，层层叠涩平行安筑。在安筑普通台基的角柱石和间柱时应注意垂直度，确保水平度和垂直度无差误等。

③ 安筑压栏石、垂带石和御路石等。

④ 安筑栏杆（包括栏板、栏杆柱、柱头、角柱和夹杆石等）以及每栏杆柱（望柱）下所要加的龙头状石雕排水口——"螭首"等。

⑤ 同步做柱础基础，铺设地面，安筑柱础等。

⑥ 石作机具准备。如墨斗、墨线、水平尺、直角尺、工程线、木抹子、橡皮锤或木槌、靠尺、靠杆、坠子、透明塑料水管、石材切割机、磨石机及常用其他施工工具等。

四、门

门，是中国古建筑中最具文化特色和个性的一部分。它既是建筑物的脸面，又是独立的建筑；同时也是建筑物的出入口和出入口的建筑物；它的形式与承载的业主身份和地位有着密切的关联。古人言"宅以门户为冠带"，说出了"门"具有显示主人的形象和门文化的特点与内涵。如寺庙的山门，因过去的寺院多居山林，故名"山门"，表示寺院正面的楼门等。

门作为独立的单体建筑，其布置的位置不同，门的形式和名称也有所不同，如住宅之门叫宅门；城口设门叫城门；公园造景而布置门形成框景，叫门洞等。故有了传统的宅门、巷门、坊门、庙门、寨门、衙门、宫门、府门、城门以及公园中的景观门洞等区分。

■ 基本形式与构造

门，其构造形式一般可分为墙门、屋宇门和牌楼式门三类。

● 墙门，是指依附于围墙、院墙上的门。又可分为高墙门、低墙门和洞门三种形式。

高墙门，其墙体高度超过门头高度，通常作为民居、祠堂等小型建筑组群的大门或宫殿、寺庙等大型建筑组群的侧门、掖门、角门等。如右上图2-54民居住宅的高墙门。

低墙门，其墙体高度低于门楼高度，主要用作小住宅的大门、院门或大型宅第、寺庙等建筑的边门及风景区次门。如左上图2-55风景区次门——低墙门。

洞门，也称门洞，又称月洞门，主要设置于各类园林的院墙上，来分割空间，创造框景和对景。门洞的形式有圆形、横长方形、直长方形、拱形、圭形、多角形、海棠形、葫芦形、汉瓶形、如意形及仿生形和复合形等。如左中图2-56城堡式公园洞门。

● 屋宇门，门呈屋宇形态，有门楼、屋顶、门柱和门框、门槛等构件组成。此门的结构有的其门框、门槛、台阶等为石制，其他部分为砖、木结构；有的则全部用石材砌筑。比如石材砌筑的寺庙组群出入口的山门，混合结构的民宅过道式屋宇门等，右下图2-57为混合结构的民宅过道式屋宇门。

城门，是屋宇门的另一种形式，由于墙体尺度高大，门的体量自然而然地也相应变高。城门的门洞数量少者一门洞，多者三门洞，特殊重要的城门采用了五道门洞的高体制。如左下图2-58云南大理城门，图3-144不同石材砌筑的各种形式屋宇门——城门。

●牌楼式门，是单体门的一种独特形态。它的平面布置呈独立的单排柱列，不设框槛门扇，不具备门的防卫功能，实质上是一种标志性、表彰性的单体门。如右上图2-59牌楼式门。

（注：有关牌楼式门的内容将在本篇"八、石坊"章节中叙述）。

■ 门的施工与安装程序

① 开挖门台基槽，并砌筑基础。

② 按设计图纸砌筑门。如筑墙门（包括高墙门、低墙门、洞门），应同时砌筑门洞、石门框和围墙；如筑屋宇门，则应先砌筑门洞、石门框及门楼，而后再砌围墙；如筑城门，应将城墙和门洞同步砌筑；如筑牌楼式的门，应先将已经加工处理过的相关牌楼成品石构件（包括石柱、石梁、石坊和夹杆石及屋宇门的檐楼或楼屋面等）用作榫和榫窝的连接方法进行安筑，然后再砌围墙。

③ 在砌筑时为保证水平度、外露面平整度和垂直度符合设计要求，应安置水平线和外露面平整线及垂线等，以确保工程质量，然后逐层砌筑。

④ 对墙门、屋宇门、牌楼式门的石构件按设计图纸要求进行表面再处理。

⑤ 石作机具准备。墨斗、墨线、水平尺、直角尺、工程线、橡皮锤或木槌、靠尺、靠杆、坠子、透明塑料水管、石材切割机、磨石机及常用其他施工工具等。

五、石墙和石坎

1. 石墙

石墙，是指划分使用空间的石质围墙和石屋墙。

■ 基本形式与构造

石墙，按所用石料来分，一般有块石石墙（包括条石、方整块石墙）、毛石石墙（俗称片石墙或虎皮石墙）、石笼墙、卵石石墙和文化石装饰石墙等。砌筑的形式有干砌和浆砌两种，另外还有一种浆砌勾缝石墙。

块石石墙，将毛石料经过加工使其形成统一的规格和标准，并按一定的长、宽、厚要求进行砌筑的墙称为块石墙。

毛石石墙，用不同规则的清石料进行砌筑的墙称为毛石石墙（俗称片石墙）。

石笼墙，将毛石或块石或卵石放入钢筋笼内而形成的墙称为石笼墙。

卵石石墙，用卵石砌筑的墙称为卵石石墙。

文化石装饰石墙，墙体用各式文化石进行装饰的墙称为文化石装饰石墙。

如右中上图2-60干砌块石石墙，右中下图2-61浆砌毛石石墙（俗称片石墙），右下图2-62干砌条石石墙，左下图2-63干砌条石城墙。

■ 石墙的施工与安装程序

① 开挖石墙基槽，并砌筑基础。

② 砌筑石墙。不管是干砌还是浆砌的块石石墙、毛石石墙、卵石石墙等，都应从下而上地砌筑，在下层（皮）与上层（皮）石料砌筑时要注意上、下层（皮）垂直缝（立缝）的错开，每层（皮）的砌筑要发挥"顶"条

石的作用（如"一顺一顶或三顺一顶"的顶石），保证墙体的稳定性。

③ 灰勾缝石墙的砌筑要注意勾缝条的宽度和厚度的一致，且勾缝线条要流畅。

④ 石作机具准备。墨斗、墨线、水平尺、直角尺、工程线、橡皮锤或木槌、靠尺、靠杆、坠子、透明塑料水管及常用其他施工工具等。

2. 石坎

石坎，是指在河道岸坡上用石材铺砌或砌就的，用以保护河岸稳定的一种构筑物。

■ 基本形式与构造

石坎，有浆砌和干砌的块石、毛石、卵石石坎和冰梅式灰勾缝石坎及景观置石石坎等。如上图2-64浆砌块石冰梅式勾缝石坎，下图2-65干砌块石石坎。

■ 石坎的施工与安装程序

① 因河道有淤泥，石坎的基础应按设计要求进行处理，一般用打桩的形式进行解决，如松木桩和石丁桩等。

② 石坎的桩基上部为承台，如条石承台要注意下层（皮）与上层（皮）石料的错开安砌，避免每层（皮）垂直缝和水平缝相同，保证墙体的稳定性。

③ 坎体砌筑同石墙。

④ 坎压顶。应尽量选用长条石作为压顶，以利整体稳定和美观。

⑤ 石作机具准备。墨斗、墨线、水平尺、直角尺、工程线、橡皮锤或木槌、靠尺、靠杆、坠子、透明塑料水管及常用其他施工工具等。

六、埠头、码头

所谓埠头，北方人称之为水码头，南方人叫它河埠头。古时候称现在的码头就是埠头，是指靠船、停船的地方。

■ 基本形式与构造

我国河埠头形式多种多样，主要由平伸式、直入式、单伸单入式、单伸双入式、双伸单入式、双伸双入式等河埠头构成，常见的河埠头主要有单伸双入式和单伸单入式等。平伸式河埠头比较宽敞，平行与水岸线，以台阶的形式整体伸入水体；直入式河埠头以台阶的形式从水岸陆地内直入水体；单伸单入式河埠头是将平台伸出水岸线，以台阶的形式贴近水边，从陆地平台单入水体；单伸双入式河埠头是将平台伸出水岸

线，以台阶的形式贴近水边，双向（左右）从陆地平台单入水体；双伸单入式河埠头是将两处相近的河埠头平台同时伸出水岸线，以台阶的形式贴近水岸边，向同一方向从陆地平台单入水体，然后在水面以下砌筑相连的平台，供人洗涤；双伸双入式河埠头是将两处相近的河埠头平台同时伸出水岸线，以台阶的形式贴近水边，各自一处台阶向同一方向从陆地平台单入水体，然后在水面以下砌筑相连的平台，各自另一处台阶从陆地平台反方向单入水体；还有一种为挑石式台阶河埠头，是将条石1/3长伸出石坎，2/3安砌在石坎内，形成台阶式下水。埠头、码头的构造一般采用条石砌筑，有干砌或浆砌两种。如上左图2-66单伸双入式埠头。上右图2-67、下右图2-68双伸单入式河埠头，下左图2-69平伸式如意踏跺河埠头，下中图2-70挑石式台阶河埠头。

■ 埠头、码头的施工与安装程序

① 因河道存有淤泥，基础部分应按设计要求进行处理，一般采用打桩的形式解决埠头的自身和货物的承载，如松木桩和石丁桩等。

② 埠头（码头）的砌筑通常与石坎同步。

③ 砌筑埠头（码头）时要注意下层（皮）与上层（皮）石料安砌的垂直缝和水平缝要错开，保证墙体的稳定性。

④ 埠头（码头）的砌筑一般采用长条石，砌筑方法同台阶。

⑤ 石作机具准备。墨斗、墨线、水平尺、直角尺、工程线、橡皮锤或木槌、靠尺、靠杆、坠子、透明塑料水管及常用其他施工工具等。

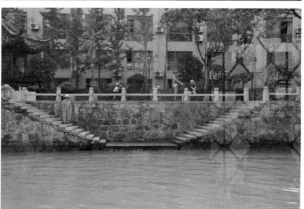

七、石矴步、石桥

1. 石矴步

石矴步是一种桥梁的原始形式，大多建于山间溪流之中，通常用自然大块石或条石制作，并固定于河（溪流）中或浅滩上，以方便乡民过河。现园林造景中，为创造更富自然生态的园林景观，常常被应用于各类公园或庭院之中，营造野趣。

■ 基本形式与构造

石矴步，它的布置形式一般成直线、折线和曲线排列，单个矴步石的形态可以自由变化，矴步石（块石、条石）间留有均等的空隙，让河水从矴步间川流而过，行人则从石上拾步而行，犹如行人涉在水中漫步一般。每当溪流涨水时，矴步就会被淹没，产生变化的园林景观。如左图2-71公园中石矴步，右上图2-72溪流中石矴步。

■ 石矴步的施工与安装程序

矴步施工与安装比较简单。在较宽的、水位落差较大的、水流较急的溪流上，矴步要有基础，然后矴步石则安筑在条石或岩石基础上；在小溪流上矴步石可直接安筑于溪流岩石上。石矴步表面一般要求平整，但不光滑。

2. 石桥

石桥，是指用石料建造的桥梁。如中国历史上著名的洛阳桥和虎渡桥等石梁桥，扬州瘦西湖内的五亭桥、河北赵州桥的石拱桥等，都是我国典型的石桥。如右中图2-73扬州瘦西湖内的五亭桥，右下图2-74福建的洛阳桥。

■ 基本形式与构造

石桥，有石梁桥和石拱桥之分。

● 石梁桥，包括石梁石柱桥、石梁石墩桥、石伸臂桥、三边石梁桥、漫水石梁桥和石板平桥等，其中以"石梁石墩桥"最为常见。如福建洛阳桥，是我国古代最著名的大型石梁桥，是中国现存最早的跨海梁式大石桥，也是世界桥梁筏形基础的开端。而在园林造景中石板平桥（在园林中曲桥、栈桥都属石板平桥之一）应用较广。石板平桥，外形简单，有直线形和曲折形，结构有梁式和板式。板式桥适用于较小的跨度，石板可直接跨越两岸，如下页左上图2-75公园小溪中的石板平桥；跨度较大

的就需设置桥墩或柱，上安石梁，梁上铺桥面板，最典型的为曲折形的平桥，也称曲桥，如右上图2-76公园中的九曲桥。曲桥是中国造园中常用的梁桥，不论它是三折、五折、七折、九折，我们通称为"九曲桥"，它往往与水上亭榭及平台等建筑或构筑物组合，形成园林景观空间。

●石拱桥，按其造型可分为：陡徒和坦拱式拱桥、尖拱和圆拱式拱桥、连拱和固端式拱桥，单孔和多孔式拱桥、实腹和空腹式拱桥以及虹桥等。按其拱券圆弧形式又可分为半圆、马蹄、全圆、锅底、蛋圆、椭圆、抛物线圆及折边等。按其拱的排列形式再可分为并列和横联两种，其中横联式应用最多，并派生出镶边横联券和框式横联券两种。如右中图2-77南浔古镇河道中的单孔半圆石拱桥，右下图2-78雁荡山风景区溪流上的果盘桥（虹桥），左下图2-79福州西禅寺中的三孔拱桥。

石拱桥，其基本构造分为桥跨、桥墩、桥台和护岸四部分。桥跨，主要由桥身拱券、桥身侧墙和桥面（包括栏杆）系统等组成；桥墩，主要由平水墙和分水尖组成；桥台，主要由桥身墙和两侧八字墙组成；护岸为石坝。

■ 石桥施工与安装程序

根据设计图纸进行施工，注意施工安全。

●石梁桥的施工与安装程序如下。

① 地基处理。板式直跨平桥的两岸地基处理如同石坎做法，但要考虑平桥的各种荷载；梁式曲桥的地基处理应先打桩，如松木桩和石丁桩等。

② 安筑桥梁和桥板。板式直跨平桥其桥板可直接安筑于石坎；梁式曲桥在完成石柱（桥柱）的前提下安筑桥梁。上述两者安筑桥梁或桥板时要注意水平度。

③ 安筑桥板。梁式曲桥在完成桥梁的前提下安筑桥板，直线桥其桥板直线安筑，曲桥其桥板则按曲折线安筑，但曲桥的各条桥板长度和桥板间的拼接角度都有所不同，要注意事先进行处理。

④ 栏杆安筑。有栏杆的石梁桥将其桥板按要求作榫窝，栏杆柱作榫进行安筑，并灌注粘接剂；同样栏杆柱和栏杆板作榫窝和作榫相互连接同时灌注粘接剂。

⑤ 石作机具准备。墨斗、墨线、水平尺、直角尺、工程线、橡皮锤或木槌、靠尺、靠杆、坠子、透明塑料水管及常用其他

施工工具等。

　　如图2-80 ～图2-88石梁桥等构造分析。

桥柱　　桥柱斜撑　　桥板　　桥梁

桥台　　桥柱　　桥板　　　　桥板　桥柱　桥梁

桥梁

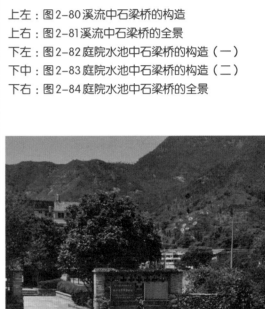

上左：图2-80溪流中石梁桥的构造
上右：图2-81溪流中石梁桥的全景
下左：图2-82庭院水池中石梁桥的构造（一）
下中：图2-83庭院水池中石梁桥的构造（二）
下右：图2-84庭院水池中石梁桥的全景

上左图2-85、上右图2-86庭院水池中石梁桥与亭与岸美妙的结合，下左图2-87、下右图2-88石梁桥和亭的桩基础构造。

CHAPTER 1

CHAPTER 2

CHAPTER 3

CHAPTER 4

●石拱桥

石拱桥的施工与安装程序主要有：

地基处理 → 拱架的加工制作 → 搭设拱架 → 安装拱圈模板 → 拱座、拱圈对称分段、分层、分阶段砌筑 → 对称施工拱上构筑物和建筑

对称拆除拱架等

①地基处理。单孔拱桥的两侧地基处理如同石坎做法，但要考虑拱桥的各种荷载；多孔式的拱桥地基处理其中两岸如同石坎，中间的桥墩地基处理主要是打桩（如松木桩、石丁桩和灌注桩等）。

②拱架的加工制作。拱孔形式（其中半径和直径）按设计要求制作拱架。

③搭设拱架。在布置拱桥的位置上对已加工制作好的拱架进行搭设，在搭架时一定要使其对称。

④安装拱圈模板。在搭设的拱架外圈进行安装拱圈模板。

⑤桥墩、拱座、拱圈砌筑。桥墩、拱座、拱圈应对称分段、分层、分阶段砌筑；上层与下层的垂直缝和水平缝要错开；石料之间砌筑的空隙要减小到最少，使架子拆除后桥身的下沉变得更小，维持稳定。单孔拱桥在安装好拱圈模板后对拱座、拱圈进行分段、分层、分阶段砌筑；多孔拱桥应先砌筑中间的桥墩，而后按拱圈模板的形式对拱座、拱圈进行分段、分层、分阶段砌筑。在砌筑拱桥时，要注意拱桥砌筑石料（条石或块石）的大小面，一般有大、小头，大头朝上，小头朝下，才能发挥拱桥的力学作用，同时分段、分层、分阶段砌筑时应对称施工。

⑥桥面和栏杆安筑。桥面砌筑条石或块石及其台阶；栏杆根据拱桥的形态要求，将其桥面上的垂带石（或压顶）作榫窝，栏杆柱作榫进行安筑，并灌注粘接剂；同样栏杆柱和栏杆板作榫窝和作榫相互连接，灌注粘接剂。

⑦石作机具准备。墨斗、墨线、水平尺、直角尺、圈尺、皮尺、工程线、橡皮锤或木槌、靠尺、靠杆、坠子、透明塑料水管、石材切割机、磨石机及常用其他施工工具等。

如图2-89～图2-96石拱桥等构造分析。

图2-89、图2-90圆明园单孔石拱桥构造特点：
①半圆形单孔石拱桥；
②砌筑石料为块石，石料有大、小头，大头朝上，小头朝下；
③拱较为对称；
④拱桥与石坎相接。

上左：图2-91半圆形单孔石拱桥桥内侧的砌筑形式

上右：图2-92半圆形单孔石拱桥侧面做法

中左：图2-93半圆形单孔石拱桥侧面整体

下左：图2-94椭圆形单孔石拱桥侧面形态

下中：图2-95、下右图2-96三孔式石拱桥（廊桥）

桥台 桥墩 桥跨 护岸

八、石坊

石坊，从造型形式上来看可分为牌坊、牌楼二类。一类是柱子上不带屋顶（檐楼）的称牌坊；另一类是柱子上带屋顶（檐楼）的称牌楼；通称叫石坊。

■ 基本形式与构造

牌坊，其构造一般有基础、立柱、夹杆石（或抱鼓石）、梁、额枋、匾牌等几部分组成。它的形制以间数和柱数来标定，分为一间二柱式、三间四柱式牌坊等。如上左图2-97北京明十三陵石牌坊——一间二柱式牌坊（也叫棂星门）、上右图2-98苏州虎丘万景山庄门口——三间四柱式牌坊。

牌楼，其构造一般有基础、立柱、夹杆石或抱鼓石、梁、额枋、匾牌和檐楼等几部分组成。它的形制以间数、柱数和檐楼的"楼"数来标定，有一间二柱一楼、三间四柱三楼（或五楼）、五间六柱五楼（或十一楼）等不同，檐楼数存在着可变性。其中檐楼可分为明楼、次楼、稍楼、边楼、翼楼或跨楼、夹楼等。在明间（中间）的"楼"为明楼，在次间的"楼"为次楼，在稍间的"楼"为稍楼，在边柱上的"楼"为边楼，在边柱以外并且悬空的"楼"为翼楼或跨楼，在明楼与次楼、次楼与稍楼之间的"楼"为夹楼。明楼一般采用庑殿顶，次楼通常采用歇山顶，边楼与翼楼常常采用悬山顶，夹楼采用硬山顶等各不相同。如下右图2-99为泰山天街上的三间四柱三楼式石牌楼、下左图2-100为江西上饶云碧峰森林公园三间四柱七楼式石牌楼。

牌坊和牌楼的柱、梁、额枋、夹杆石及"檐楼"通常有龙凤、狮子、蝙蝠、鹤、鹿、鱼、莲、牡丹、喜鹊、松、竹、梅、兰、瓶、如意、万字等具有象征性意义的图案雕刻饰纹。其中龙凤，是传说中的神兽神鸟，常雕刻于石坊柱上（龙，威武严肃，象征着男性的坚毅刚强；凤，艳丽多姿，象征着女性的美貌温柔）；雕刻五只蝙蝠组成图案，象征五种天赐之福，即长寿、富裕、健康、平安和多子多孙；雕刻鹿，因与"禄"同音，象征富裕，"升官受禄"；雕刻鹤，相传鹤能活百岁以上，它常与松、石、龟、鹿等类似的长寿之物在一起组成图案，象征着长寿等；这些图案往往雕刻于柱、梁、枋等处。还有如意头，象征着称心如意，常用于枋柱、滴子上作为纹饰等。如北京明代陵园大门前的五间六柱十一楼汉白玉石牌楼，其结构匀称和谐，造型美观大方，其中的柱石上就刻着麒麟、狮子等，夹柱石上又有双狮戏珠的浮雕，牌楼梁、枋上还雕刻着怪兽云纹，是我国建筑艺术的典型代表（详见图3-198中右图）。

■ 石坊（牌坊、牌楼）施工与安装程序

① 石坊构件雕刻。在石坊各构件安筑前，应将构件进行雕刻，其方法通常采用高浮雕（如枋、柱上龙凤等石雕）、浅浮雕（如雀替、须弥座上的植物、如意等石雕）、平雕（如梁、额枋、雀替、须弥座上的回字纹、丁字纹、曲折纹、万字纹等石雕）、圆雕（如夹杆石或抱鼓石、戗柱兽、檐楼脊上的小兽和柱头上的挂件等石雕）、透雕（如柱根上的石狮、檐楼上花板，正脊、垂脊上吻，匾额框上花纹和垂花屏上图案等石雕）。

② 构件作榫窝和作榫。立柱作榫窝（槽），梁、额枋等作榫。

③ 安筑基础。基础是石坊（牌坊、牌楼）的重要组成部分，它包括地下和地面两部分。地面部分即基座，一般采用须弥座、夹杆石（或抱鼓石或蹲狮）；地下部分是基脚，基脚主要由柱础、混凝土、钢筋混凝土和夯土层等构成，其深度根据地质情况而定，通常在十余米之内，确保基础的扎实和牢固。

④ 安筑立柱。立柱是支承石坊（牌坊、牌楼）内所有部件的重要构件，是石坊的承载主体。石坊上的所有横向构件均搭在立柱上，因此立柱断面比较大，一般为矩形，也有使用矩形去角成八角形。立柱安筑（吊装）时应注意其垂直度。

⑤ 安筑梁和额枋。梁和额枋是体现石坊（牌坊、牌楼）风格的重要构件，也是石坊的结构部分，包括小额枋、折柱花板、大额枋、平板枋、垫板等构件。它们与立柱连接一般采用作榫和作榫窝（槽）相互衔接，并灌注粘接剂等。

⑥ 安装匾额。匾额是石坊（牌坊、牌楼）上题刻文字的"版面"，通常安装或刻在额枋或花板的中部。

⑦ 安装檐楼。牌楼的檐楼往往是仿木建筑，有斗拱、出檐、屋面、屋脊及吻等部件，用石料制作和安筑檐楼较为复杂，必须一件一件地安装。比如安雀替，筑挑梁，置斗拱，架小梁，盖楼屋面，放屋脊，安龙吻等。注意榫窝（槽）与榫的连接和灌注粘接剂等。

⑧ 吊装成形。石坊（牌坊、牌楼）每个构件都应通过吊装就位，拼接组合才能形成整体。因此，吊装安筑时构件应层层而筑，前后左右要均称平衡，下层构件完工后再接上层安筑，注意安全。

⑨ 石作机具准备。如墨斗、墨线、水平尺、直角尺、圈尺、皮尺、工程线、橡皮锤或木槌、靠尺、靠杆、坠子、透明塑料水管、石材切割机、磨石机及常用其他施工工具等。

如下左图2-101、下右图2-102为南京明孝陵石牌坊（棂星门），图2-103～图2-105为福建泉州某处三间四柱三楼式琉璃瓦屋面石牌楼，图2-106～图2-109为南京中山陵三间四柱三楼式琉璃瓦屋面石牌楼，图2-110～图2-114为浙江南浔古镇三间四柱五楼式石牌楼，图2-115～图2-117为福建泉州涂门街三间十二柱五楼式石牌楼等构造分析。

雀替

额枋刻字

梁和枋

斗拱

泉州某处三间四柱三楼式石牌楼
左上：图2-103 泉州某处三间四柱三楼式石牌楼各檐楼的构造
左下：图2-104 泉州某处三间四柱三楼式石牌楼的正面
右：图2-105 泉州某处三间四柱三楼式石牌楼的边檐楼的构造

屋脊和吻

楼屋面

立柱

夹杆石或抱鼓石

边檐楼

雀替

南京中山陵三间四柱三楼式牌楼

左上：图2-106 南京中山陵三间四柱三楼式牌楼全景

左下：图2-107 南京中山陵三间四柱三楼式牌楼须弥座、立柱、夹杆石的衔接

　中：图2-108 南京中山陵三间四柱三楼式牌楼夹杆石的石雕艺术

　右：图2-109 南京中山陵三间四柱三楼式牌楼立柱、楼屋面、梁枋、夹杆石、须弥座等整体衔接

匾额

雀替

楼屋面

立柱头

梁

立柱

夹杆石或抱鼓石

须弥座

浙江南浔古镇三间四柱五楼式牌楼
左上：图2-110 三间四柱五楼式牌楼檐楼的侧面
左下：图2-111 三间四柱五楼式牌楼檐楼的正面
右：图2-112 三间四柱五楼式牌楼全景

额枋

檐楼-明楼

匾额

檐楼-次楼

梁

檐楼-边楼

梁

檐楼-明楼（楼屋面）

立柱、夹杆石、柱基（础）

浙江南浔古镇三间四柱五楼式牌楼

左：图2-113 三间四柱五楼式牌楼梁、枋雕刻

右：图2-114 三间四柱五楼式牌楼立柱、夹杆石、柱基（础）大样

立柱上对联刻字　　枋上刻字　　梁上龙、狮、绣球等雕刻

立柱

夹杆石

柱基（础）

檐楼–明楼

檐楼–次楼

匾额

立柱

泉州涂门街三间十二柱五楼式牌楼。

中图2-115 三间十二柱五楼式牌楼正面

右图2-116 三间十二柱五楼式牌楼背面

左图2-117 三间十二柱五楼式牌楼檐楼侧面。

该牌楼特点：

①由于此牌楼前后檐楼屋面出檐长，出挑多，形成了三间十二柱五楼形式的牌楼；

②在原形制的牌楼基础上增大进深、增加檐楼的面积，相似门楼；

③由于屋面出檐长，受到建筑力学的制约，增加前后四对落地柱，形成骑楼式的牌楼；

④牌楼的中间立柱、梁、额枋、匾牌等按原形制牌楼制作，前后骑楼式空间类似于廊下活动空间；

⑤由于此牌楼前后有落地柱，故无夹杆石（或抱鼓石），只有柱基。

九、石亭

石亭，是供人们乘凉、休息、观景及美化环境的园林小品之一。它既是观景的点，又是被观赏的小品。

■ 基本形式与构造

石亭，按其平面形式分，一般有正多边形亭（如：正三角形、正方形、正五角形、正六角形、正八角形等）、长方形亭、圆亭及组合式亭（如：双三角形、双方形亭、双六角形亭）等；按其层数分，有单层、双层、三层石亭等；按其立面造型分，有单檐、重檐，也有三重檐石亭等；按其亭顶的形式分，有攒尖顶、歇山顶、平（坡）顶式等，通常以攒尖顶见多。石亭常常与墙、廊、石壁等结合形成不同的石质园林景观。

石亭，其构造主要由亭顶、亭身、台基三部分组成。亭顶部分，有宝顶（如圆顶、葫芦顶、方顶等）、脊梁、屋面板、角梁等组成；亭身部分，有柱顶盖、立柱（如方柱、圆柱、海棠柱等）、梁（如角梁、挑梁、过梁等）、枋、斗拱、雀替、挂落、栏杆（或坐椅或坐凳）、柱础等组成；台基部分，随环境布置而异。如上左图2-118、上右图2-119、下左图2-120、下右图2-121为苏州虎丘（二仙亭）攒尖顶方亭。

■ 石亭施工与安装程序

① 构件雕刻。对石亭的立柱、梁（角梁、挑梁、过梁、脊）、枋、斗拱、雀替、挂落、栏杆等进行图纹雕刻。

② 制作构件的榫窝和作榫。立柱作榫窝（槽），梁、额枋等作榫。

③ 安筑台基。台基是亭的基础，由地下和地面两部分组成。地下部分为基脚，有条石、混凝土、钢筋混凝土和夯土层等砌筑，其深度根据地质情况而定；地面部分为台基，一般采用普通台基，有条石或条石和块石结合砌筑；地面一般铺设石板。

④ 安筑亭身。立柱是亭的承载构件，梁、枋是亭的固定"框"，雀替、挂落是亭的装饰构件，栏杆（或坐椅或坐凳）是供人休息和观赏的部件。其安筑程序为：安柱础→吊立柱→置栏杆、雀替（或安过梁、额枋）→安柱顶盖→在过梁上筑斗拱（或安挑梁）→安装檐梁（或过梁）及挂落等。

⑤ 安筑亭顶。戗梁是亭角的角梁，脊是承托宝顶或起装饰作用的梁，屋面板是亭的盖。其安筑程序为：安主梁、角梁（戗梁）→放屋面板→

筑脊梁→置宝顶等。

　　石亭的各构件之间大部分采用自身连接形式进行相连,如柱、梁采用做榫窝(槽)和作榫连接;檐口及梁、枋采用做止口("磕绊")和做仔口连接等,然后灌注粘接剂。

　　⑥ 石作机具准备。如墨斗、墨线、水平尺、直角尺、圈尺、皮尺、工程线、橡皮锤或木槌、靠尺、靠杆、坠子、透明塑料水管、石材切割机、磨石机及常用其他施工工具等。

　　如图2-122～图2-124四角歇山碑亭(一),图2-125～图2-127四角歇山碑亭(二),图2-128、图2-129六角攒尖顶石亭(一),图2-130～图2-134六角攒尖顶石亭(二),图2-135～图2-138六角攒尖顶石亭(三),图2-139～图2-146六角攒尖顶石亭(四),图2-147～图2-154六角重檐攒尖顶石亭等构造分析。

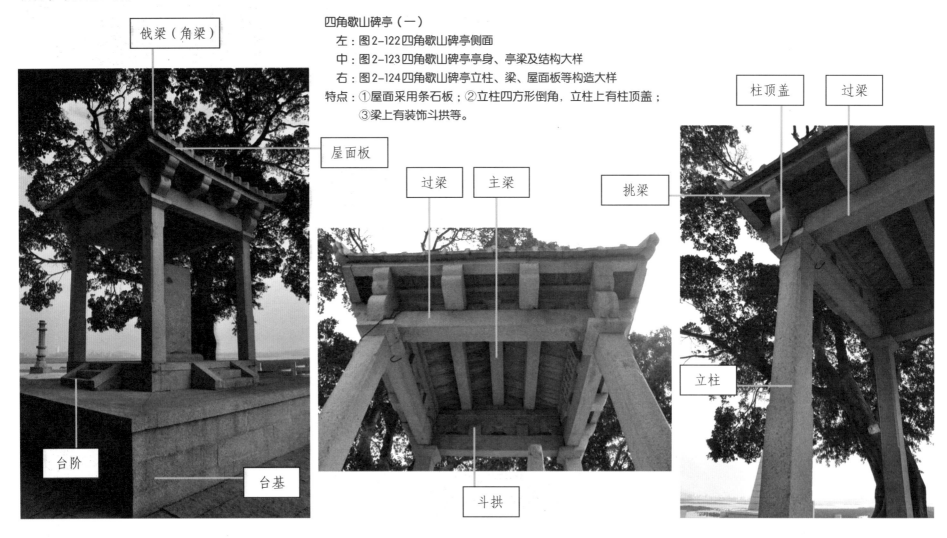

四角歇山碑亭(一)
　　左：图2-122四角歇山碑亭侧面
　　中：图2-123四角歇山碑亭亭身、亭梁及结构大样
　　右：图2-124四角歇山碑亭立柱、梁、屋面板等构造大样
特点：①屋面采用条石板;②立柱四方形倒角,立柱上有柱顶盖;
　　　③梁上有装饰斗拱等。

石碑

台基

四角歇山碑亭（二）

左上：图2-125 四角歇山碑亭正面

右：图2-126 四角歇山碑亭亭身侧面和亭身、亭梁及结构

左下：图2-127 四角歇山碑亭立柱、梁、屋面板等构造大样。

特点：①屋面采用条石板；②立柱四方形倒角，立柱上有柱顶盖；③梁上有装饰斗拱等。

戗梁（角梁）

屋面板

过梁

立柱

檐梁

柱顶盖

斗拱

主梁

条石地面

屋面板

戗梁（角梁）

过梁

雀替

挑梁

立柱

坐凳、栏杆

台基

宝顶

屋面板

台阶

六角攒尖顶石亭（一）

左：图2-128 六角攒尖顶石亭侧面

右：图2-129 六角攒尖顶石亭正面

特点：

①立柱为六棱柱；

②宝顶为葫芦顶；

③有坐凳式栏杆；

④台基面板雕刻。

藻井

宝顶

六角攒尖顶石亭（二）

上左：图2-130六角攒尖顶石亭
的藻井

上右：图2-131六角攒尖顶石亭
融入山体环境全景

下左：图2-132六角攒尖顶石
亭屋面板、柱、梁、枋、
挂落连接

下中：图2-133六角攒尖顶石亭
立柱、柱础、坐椅连接

下右：图2-134六角攒尖顶石亭
全景

特点：

①立柱为圆柱，有柱础；

②宝顶为葫芦顶；

③有挂落、坐椅；

④屋面板为石板，藻井
有图案雕刻；

⑤六角攒尖顶石亭随山
体环境而布置。

挂落

坐椅　立柱、柱础

六角攒尖顶石亭（三）

上：图2-135六角攒尖顶石亭的藻井

下左：图2-136六角攒尖顶石亭屋面板、梁、枋、挂落连接

下中：图2-137立柱、柱础、坐椅连接

下右：图2-138六角攒尖顶石亭全景

特点：①立柱为圆柱，有柱础；②宝顶为葫芦顶；③有挂落、
坐椅；④屋面板为石板，雕刻图案成藻井；⑤翘角雕饰
如意造型；⑥六角攒尖顶石亭随水池环境与石桥连接，
组成石质园林景观。

藻井

屋面板、梁、枋、挂落

坐椅

立柱、柱础

屋面板　宝顶　翘角

石桥、台阶

六角攒尖顶石亭（四）

　　左：图2-139 六角攒尖顶石亭全景

　　中：图2-140 六角攒尖顶石亭立柱、梁、枋、屋面板、戗、脊梁等连接大样

　　右：图2-141 六角攒尖顶石亭其中一角的柱础、立柱、坐椅、梁、枋、屋面板、戗、脊梁等整体结构

特点：①立柱为圆柱，有柱础并雕刻图案；②宝顶为葫芦顶；③屋面板为石板，形成藻井；④枋、梁、柱雕有"回"形图案；⑤六角攒尖顶石亭随山体平台环境而布局。

上左：图2-142 六角攒尖顶石亭的藻井
上右：图2-143 六角攒尖顶石亭葫芦顶
下左：图2-144 六角攒尖顶石亭立柱、柱础、坐椅连接
下中：图2-145 六角攒尖顶石亭立柱、柱础大样
下右：图2-146 六角攒尖顶石亭屋面板、梁、枋等连接

藻井

宝顶

立柱、柱础

坐椅

屋面板、梁、枋、立柱

六角重檐攒尖顶石亭构造分析

上左：图2-147六角重檐攒尖顶石亭两层亭顶结构

上中：图2-148六角重檐攒尖顶石亭全景

上右：图2-149六角重檐攒尖顶石亭立柱、梁（挑梁）、枋、屋面板、戗梁等连接大样

　下：图2-150六角重檐攒尖顶石亭立柱、坐凳连接大样

特点：①立柱为圆柱，无柱础；②宝顶为圆棱柱顶；③屋面板为石板；④重檐攒尖亭顶；⑤有对联、匾额；⑥构件相连较为复杂，主要采取自身连接方法，如榫卯连接、做止口（"磕绊"）相连、做仔口连接以及采用挑梁叠涩等形式传递荷载；⑦六角攒尖顶石亭随山体平台而布局。

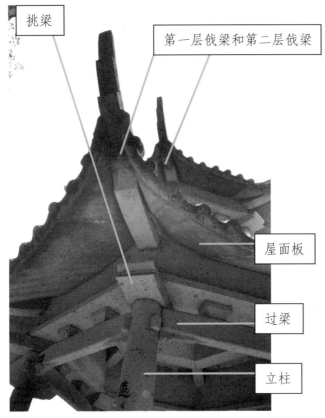

挑梁

第一层戗梁和第二层戗梁

屋面板

过梁

立柱

一层：
屋面板
戗梁（角梁）
挑梁
过梁
立柱
坐凳

一层屋面板

立柱

一层过梁

一层戗梁（角梁）

斗

上左：图2-151六角重檐攒尖顶石亭的一、二层亭身、亭顶大样

上中：图2-152六角重檐攒尖顶石亭一层立柱、坐凳、过梁、挑
梁、戗梁（角梁）、屋面板、脊梁等整体结构

上右：图2-153六角重檐攒尖顶石亭一层立柱、过梁、挑梁、
枋、戗梁（角梁）、屋面板和二层过梁的连接大样

下：图2-154六角重檐攒尖顶石亭一层戗梁（角梁）与二层过
梁及二层柱、过梁、戗梁等连接大样

十、石塔

　　我国的塔大多有佛教背景，主要有楼阁式塔、密檐式塔、亭阁式塔、宝箧印塔、喇嘛塔、无缝塔、过街塔、造像塔、幢式塔、经幢、法轮塔、五轮塔、金刚宝座塔等。石材建造的塔一般体量较小，以小型塔居多，大部分属墓塔。常见的石塔有经幢式塔、宝箧印塔、五轮塔、覆钵式塔以及小型的楼阁式塔、亭阁式塔、密檐塔和各式各样墓塔等，但也有体量高大的石塔，如福建泉州开元寺双塔、福建福州双塔（又名乌塔）等。

　　石塔，从形态造型来看，平面形状有方形、六角形、八角形、十二角形、圆形之分，以八角形石塔居多；塔身结构有实心和空心之分，一般以实心石塔见多；石塔层数从一至十三层不等，一般以奇数为多；塔身的形态一般以阶梯形式层层向上垒筑，逐渐收拢。

　　石塔，从构造上看，不论什么形态、大小如何，其基本造型一般由塔基、塔身、塔刹三部分构成（中国的楼阁式佛塔往往建有地宫。地宫，位于塔基以下珍藏舍利）。塔基，包括台基和基座；塔身是塔的主体，不同类型的塔，塔身形式各有不同；塔刹位于塔的最高处。

1. 经幢式塔

　　经幢式塔，一般是指刻有经文的多角形石柱，又名经幢，也叫石幢，属实心塔。

　　■ 基本形式与构造

　　经幢式塔，通常由数个石块组成，即台基、基座、幢身、腰檐和幢顶等部分组成。幢顶一般为攒尖形，托有宝珠；幢身上柱直径一般小于下柱直径，中间有的有大于柱身的宝盖状腰檐，幢身通常铭刻陀罗尼经文或其他经文和图案等；幢座多为覆莲状，下有须弥座。基座、腰檐和幢顶往往雕饰花卉、云纹、仰莲及菩萨佛像等。经幢式塔一般有二层、三层、四层、六层之分，幢柱形态有四棱、六棱、八棱和圆柱等，其中以八角棱柱居多。我国著名的经幢，有河北赵县陀罗尼经幢、上海松江唐经幢、云南昆明地藏寺经幢、湖南常德铁经幢等，都具有一定的历史性和文化性。

　　上左图2-155河北赵县陀罗尼经幢，上右图2-156上海古猗园经幢，下左图2-157福建泉州开元寺石幢，下右图2-158福建泉州承天禅寺石幢。

2. 宝箧印塔

　　供奉《宝箧印经》的塔，叫宝箧印塔。它的平面一般为方形，是一种实心塔，层数有一至三层，以一层最多。

　　■ 基本形式与构造

　　宝箧印塔，由基座、塔身、塔檐与塔刹四部分组成。它的最大特征是塔檐四角向上高高翘起。造型小的宝箧印塔可陈列于佛前供桌与香案之上，或供于佛龛之内；大型宝箧印塔可在地面建造，作为佛寺布局的一个组成部分。我国著名的宝箧印塔，如杭州雷峰塔地宫出土的吴越王钱弘俶所造的宝箧印塔、福建泉州开元寺的东西宝箧印塔、广东潮州开元寺的宝箧印塔等，都是标准的宝箧印塔形制。如上左图2-159温州护国寺的宝箧印塔，上右图2-160福建泉州开元寺宝箧印塔。

3. 五轮塔

五轮塔，又称法界五轮塔，是由五个轮堆叠而成的塔，一般为实心塔。

■ 基本形式与构造

五轮塔，由五个部分组成，从上到下分别代表宇宙的五大要素，即"空、风、水、火、地"等。宝珠形几何体代表"空"，半月形几何体代表"风"，三角形几何体代表"火"，圆形几何体代表"水"，方形几何体代表"地"等，故叫做五轮塔。五轮塔几何体同时还可以代表"头、面、胸、腹、足"等。

五轮塔通常由须弥座、仰莲、覆钵、相轮和宝珠组成。

如下左图2-161、下中图2-162、下右图2-163为不同形态的五轮塔。

4. 楼阁式塔

楼阁式塔，据史记载，在北魏中期开凿的一些石窟里，就出现了石工模仿木结构刻制的楼阁式石塔。目前，我国现存的楼阁式石塔数福建最多，多建于南宋时期。如福建省福清县瑞云寺的瑞云石塔、福建泉州开元寺双塔、福建福州乌塔等。全国最著名的石塔，除南京栖霞寺舍利塔外，还有浙江杭州灵隐寺石塔、福建晋江六胜塔、浙江杭州西湖华严经石塔、杭州闸口白塔、陕西户县东南草堂寺的八宝玉石塔、山西平顺县大云寺石塔、江苏扬州古木兰院石塔、江苏无锡宛山塔、湖北武汉石榴花塔、湖北黄冈县青云塔、辽宁锦西县石塔、福建福州闽江金山石塔、福建莆田释迦文佛塔、福建仙游龙华双石塔、福建长乐三峰寺塔、温州国安寺石塔等。

■ 基本形式与构造

楼阁式塔，顾名思义，就是建成楼阁式样的塔。此类塔的平面形式有方形、六角形、八角形，甚至到十二角形，以方形和八角形居多；层数从一层至十五层不等，通常为奇数。它的构造一般由台基、基座、塔身、塔檐与塔刹等部分组成。台基一般采用条石（但应根据地质情况具体分析其台基构造）；基座为须弥座；塔身每层有塔檐，或有塔窗，或有佛像和人物雕刻，或有装饰动植物纹样及斗拱等；塔顶为攒尖顶，上有塔刹；有些楼阁式塔的须弥座上有栏杆。如左图2-164温州国安寺楼阁式石塔、右图2-165福建洛阳桥一端两座楼阁式石塔，图2-166～图2-170福建泉州开元寺双塔—西塔（石塔），图2-171～图2-174福建福州乌塔（石塔）。

福建泉州开元寺双塔—西塔（石塔）

上左：图2-166西塔全景

上中：图2-167西塔一层
柱、梁（挑梁、角
梁、斗拱）、塔檐
等外立面构造及人
物浮雕

上右：图2-168西塔一层
结构形式

下左：图2-169西塔基座
和栏杆

下右：图2-170西塔须弥
座大样

福建福州乌塔（石塔）

上：图2-171 乌塔立柱人物浮雕

下左：图2-172 乌塔全景

下中：图2-173 乌塔七层塔檐

下右：图2-174 乌塔基座和一层塔檐及栏杆

5. 密檐式塔

密檐式塔，一般为实心塔，不能登临塔楼。其外形特点是：塔座为须弥座；塔身底层较高，以上各层骤变低矮；檐与檐之间多不设门窗，外檐层数多，且间隔小，塔身越往上收缩越急，故而得名。我国现存的密檐式塔，比如北京房山云居寺塔、北京市的大正觉寺金刚宝座塔、呼和浩特市的金刚座舍利宝塔、昆明市官渡金刚塔等。

■ 基本形式与构造

密檐式塔，多为八角形平面，部分有六角形，小型密檐式塔也有方形。其构造主要由塔座、塔身、塔檐与塔刹四部分组成。塔座一般为高大的须弥座，须弥座上部为仰莲瓣；塔身，第一层塔身高度高于其他塔身，四面设拱券门（假门），束腰内有浮雕，其他各层四面设假窗，塔身表面有诸多浮雕造型，极为华丽，其中塔身内仅设一层塔心室；塔檐，塔身之上每层有斗拱出檐，为塔檐；顶层塔檐上安置塔刹。如下左图2-175厦门南普陀密檐式石塔、上左图2-176、上中图2-177、上右图2-178为小型密檐式塔的形状。

6. 覆钵式塔

覆钵式塔，又称喇嘛塔，一般多分布于藏传佛教地区。它的外形基本保留印度窣堵波的原始形制。我国现存的覆钵式佛塔基本是在元、明、清时期建造的，大部分集中在辽宁、内蒙古、北京、西藏、青海、甘肃等地区。如下右图2-179覆钵式塔。

■ 基本形式与构造

覆钵式塔，由于塔的塔身形似倒扣式钵，故而得名为覆钵式塔。该类型塔一般由塔座、塔身、相轮和塔刹四部分组成。塔座，一般为圆形、方形、八角形及多角形等高大的须弥座，其中圆形少见，方形居多。塔身，位于须弥座上，成圆肚形，也称覆钵或塔瓶；同时塔身上还开有佛龛，称为焰光门，焰光门内通常会供奉当地人较为崇拜的某尊佛像；相轮，有些塔在覆钵（塔瓶）上有一圈圈向上收缩的细高的塔颈，为相轮，相轮多为

十三层，但也有少至五层或多至二十二层，不同的相轮层级所含的寓意也有所不同，相轮顶部有的还设有华盖。塔刹，由伞盖和宝刹组成，位于相轮上部，通常包括华盖和流苏，也有采用天地盖的造型；宝刹的形制有三个系统：日月刹、金属高刹、宝珠刹等。

另外，覆钵式塔中有一种特殊形式的布置，让塔建在一个高大的基座上，

基座中开门洞，可让人通行，甚至走车马，故名为过街塔（或塔门）。如上左图2-180镇江西津渡古街昭关过街石塔。

7. 金刚宝座塔

金刚宝座塔，是佛塔形式之一，也称五塔。在佛教中，一个塔即表示一座佛，塔即是佛，那么五塔者，即是五尊佛。因座身叫金刚宝座，故在中国叫金刚宝座塔。

■ 基本形式与构造

金刚宝座塔的形制，一般由台基、金刚宝座的座身和五座密檐式方形石塔组成。塔的下部是一层略呈长方形的须弥座式石台基，台基外周刻有梵文和佛像、法器等纹饰；台基上面是金刚宝座的座身，由于金刚宝座具有坚硬、安全等特点，因此该佛塔称为金刚宝座塔；在高大的台基座上建有五座密檐式方形石塔和一个圆顶小佛殿等。如上中图2-181北京碧云寺金刚宝座塔，位于香山东麓，依山势而建。它创建于清代乾隆年间，塔高34.7m，有石阶盘登，塔为汉白玉砌造。塔基共两层，上为三层塔座，座身为层层佛龛，内有精致佛像。塔基外砌虎皮石，围以石栏。

8. 亭阁式塔

亭阁式塔，是印度的覆钵式塔与我国古代传统的亭阁建筑相结合的一种塔式建筑，具有悠久的历史，是最早出现的佛塔类型之一。其外形就像一座亭子，塔身内部一般设有佛龛，安置佛像，常被许多高僧们作为墓塔。

■ 基本形式与构造

亭阁式塔，从平面形态来看，以正方形居多，也有六角、八角和圆形等。从造型来看，有单层单檐（只有一层塔檐）和单层重檐（多为两层塔檐）两种类型，另外还有一些亭阁式塔在顶部加建一个小阁，但三层极少。

亭阁式塔与亭阁建筑不同点是顶部加盖塔刹作为佛教的标志。如上右图2-182、下图2-183为两种不同形式的亭阁式塔。

9. 灯幢式塔

灯幢式塔，一般布置于水面上，塔形酷似石灯，具有水上造景和照明作用。

■ 基本形式与构造

灯幢式塔，通常由基座、体柱、灯笼、塔檐和宝顶等多个几何体堆叠而成。顶部为葫芦顶（或攒尖顶或相轮宝珠顶）；塔檐为圆形；灯笼一般挖空内置灯火；体柱为椭圆体（或圆柱体）；基座形式多有不同；其中顶部和塔檐结合像亭子屋顶。如左图2-184杭州西湖三潭印月景点中的灯幢式塔，右图2-185灯幢式塔等。

十一、石舫

石舫，是指用石材建造的，造型相似于舟的园林建筑。它一般建于滨水岸边，但不能移动，俗称旱船或"不系舟"，属园林中一种特殊的建筑物。如北京颐和园石舫、南京总统府西花园石舫、天津海河天石舫等，如图3-214不同石材建造的各种形式石舫。目前，在造园中石舫建造较少。

■ 基本形式与构造

石舫，通常由头舱、中舱和尾舱三部分组成。头舱，俗称纱帽厅，占舫长1/2，歇山顶，舫首一侧安置条石跳板，连接水岸；中舱，内置一堂隔扇，分作内外两舱，舫顶为两披式，两侧置窗；尾舱两层或一层，歇山顶，两层者登楼可饱览四周园林景色。

十二、石屋

石屋，是指用石材砌筑的房屋，一般在山区或海岛多见，常常用来住人或存放东西。石屋建筑在我国有着四五千年的悠久历史，在西藏、青海、甘肃、四川、云南等省（自治区）境内就分布着众多的藏族民居石屋建筑，且具有一定的代表性和文化性。 在贵州山区有个石头寨，位于贵州西南镇宁县的扁担山，该寨街道块石铺地，石制台阶，石拱桥跨河，石头院墙和房屋，屋顶安盖着菱形或鱼形状薄石板，有的地方甚至雕龙刻凤，并且家家使用石造的桌、凳、盆、磨、碓、灶等，不愧为精心布局、精工细作的"石头王国"；在北川甘孜、阿坝羌族地区的半山坡（石头山）上就集中地分布着高低错落、布局有序、闻名遐迩的群体组合式石砌碉房；在青海南部玉树、果洛、黄南藏族自治州等一些地区山峦河谷的山坡地段同样分布着石砌的碉楼式、碉塔式、独立式和院式碉房；在福建泉州有一座残存的清净寺，又称圣友寺、麒麟寺，寺院大门和大殿及四周墙体全部用花岗岩砌筑，门厅由四道尖拱券状门组成，拱顶甚尖，尖拱雕饰，大殿南面墙壁临街还开着八个窗洞，西面窑殿两侧墙上又有六个尖拱券状石龛和四个洞口，龛壁皆嵌有阿拉伯文《古兰经》石刻经句，属典型的伊斯兰教建筑；在欧洲国家也有许多石屋建筑，特别是城堡式造型的群体式石屋组合，比如被称为英国王室行宫之一的温莎城堡，石屋千间，造型精美，气势宏伟，堪称世界之最（详见图3-215～图3-221的石屋）。

■ 基本形式与构造

石屋，有简陋的石屋和雕饰精美的石屋；有单层石屋和多层的石屋；有平房石屋和碉楼石屋；有单体独立式造型石屋和群体组合式造型石屋等；有四方形石屋、长方形石屋、圆形石屋，个别碉楼甚至有三角、五角、六角、八角、十角及十三角形等建筑形式。它的构造一般由基础（石块石条）、石柱、石墙、石梁（或木梁）、石板屋面（瓦屋面）等组成，屋面以坡屋顶为主，也有平顶，石墙常用石灰砂浆（或当地黏土）砌筑。石屋的布局形式通常采用行列式错落布局和"口"字形四合院式围成院落布局，形成高低错落，纵横交错的山村（寨）或城堡。

比如在青海南部藏胞地区，人们居住的建筑大多数坐落于背风向阳，能防御侵袭的山坡上，用石、木而建（以石料为主，以木材为辅）的民居"碉房"和"碉院"比比皆是。石砌的碉房有二层、三层或局部四层（在四川省甘孜藏族自治州丹巴有些古碉楼内甚至有十余层至二十余层，古碉楼整体高度低则二三十米，高则四五十米，高耸而立），碉房的外墙通常用块石或片石砌筑，墙厚约80 – 100cm，门窗口很小，平顶石屋居多，其外形坚实、稳重、粗犷，属典型的石屋建筑。该地区碉房（石屋）其形式有碉楼式碉房、碉塔式碉房、独立式碉房和院式碉房及碉院。

碉楼式碉房一般为二、三层，个别有四层，四周高墙封闭，有的上层为凹型平面，有利采光和户外活动。

碉塔式碉房是在二、三层碉房之上局部突出两三个房间，作为经堂、佛堂之用，其上做坡屋顶，形成塔状，以示威严，形成至高无上的感觉。

独立式碉房是一幢无院落单独布局的碉房，建筑平面随地形而异，分散于山峦河谷之中。如在居住集中的村落里，这种独立式碉房依山而建，自由布置，形成高低错落、层叠而上的山村石屋群落。

院式碉房除以碉房为主体之外，前面或三面砌筑院墙，形成封闭式院落，沿院墙布置牲畜圈、杂用房及佣人住房等。

碉院是一组较大的综合性建筑，它与院式碉房不同，碉房一般为三层，局部有四层，平面布局一般为四合院式，中间有较大的天井内院。沿内院四周设回廊，四周外墙用石砌就，全封闭，除了门洞之外，墙上开少量小窗。底层为牲畜圈、杂用房；二层多为仓库，接待房，佣工房等；三层为卧室、厨房和粮仓、珍宝库；四层为经堂、佛堂、经书库。碉院内容组成较多，面积、体积大，有的在外墙女儿墙部分，刷以黑色或棕色圆珠图案，窗上檐作一层或二层方椽出挑，作成传统式藏窗形式，丰富立面景观。如左图2-186和右图2-187 四川省甘孜藏族自治州丹巴碉房和碉楼群。

另外，值得一提的是南京中山陵孙中山纪念堂。它属公共建筑之一，其屋顶为歇山大庑顶，屋面为青色琉璃瓦，建筑结构为钢筋混凝土，墙体采用大块花岗岩贴砌，花岗岩墙体上雕饰精美的图案，体现出建筑庄严雄伟、稳重大方之风格，如下页上左图2-188、下页上右图2-189为南京中山陵孙中山纪念堂整体或局部效果。

十三、置石、山石盆景

1. 置石

置石，是利用形态优美的石材通过艺术布局，置于草坪、岸坡、路边及旱地上，形成自然露岩的园林景观。它既能为园林点缀空间，创造"虽由人作，宛自天开"的意境，又能达到"寸石生情"的艺术效果。

置石手法主要有以下几种。

① 特置，又称孤置，或称"立峰"。这种置石手法常常以体量巨大，造型奇特，质地和色彩特殊的整块石材来创作。在造园中往往将其布置于园林入口处、庭院漏窗边作为障景和对景；布置于廊间、亭旁、水边及花丛中作为园林局部空间的构景中心等。如下右图2-190苏州留园孤置假山。

② 对置，在建筑物前两旁对称布置两块山石，来陪衬环境，丰富景观内容，产生艺术效果。

③ 散置，又称散点。这种置石手法就是用"攒三聚五"的作法，将景石点缀于公园草坪、山坡、游步道，庭院墙角、台阶、水池边及旱地等处，使其融入环境，创造富有自然生趣的艺术石景。如下左上图2-191草坡置石。

④ 条置，又称护坡布石。将石材成带状布置于山坡脚、岸坡边，形成高低错落的置石整体，既缓减水土流失和对地面的冲刷，又固定岸坡的稳定，并且使山体、岸边增添奇特的山石景观。同时，还有的公园以山石作台，种植牡丹、芍药、红枫、竹、南天竺等特色观赏植物，产生花石组合的艺术景观。如下左下图2-192岸坡置石。

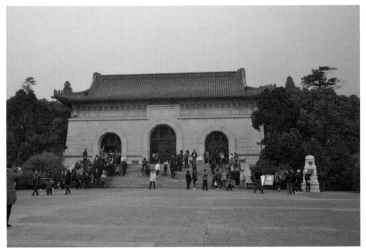

2. 山石盆景

山石盆景，可谓是自然山水风光的缩影。其手法是通过对山石进行锯截、雕凿、腐蚀、胶合、拼接等技术处理，并结合盆体的形态，在盆中布景造景，创造山水风光。同时还可在盆中贮水，在山、水、石间点缀亭楼、舟桥、人物、动物等不同构件以及配以小植物，创造出源于自然而高于自然的盆中艺术，使祖国山河美景浑然浓缩，更富艺术魅力。如右上图2-193、左图2-194山石盆景。

十四、假山

假山，是园林艺术景观中的一种特殊形式。其造景手法通常采用土、石作为堆砌的材料，以石材为主。它常常布局于庭院之中，或依墙而建，或与亭台楼阁廊房结合，或假山瀑布组合，使山石、水体、建筑融为一体，形成相得益彰的"虽由人作，宛自天开"的意境。如中图2-195假山与楼与廊与水结合，创造山、水、建筑融为一体的古典园林美，右下图2-196假山置于水边，依墙角而叠，打破墙体死角，从而创造景观艺术。

石质园林小品实例图录

本章内容介绍：

- 石雕小品
- 地面石铺装、台基、台阶与垂带石、御道及门
- 石墙和石坎
- 埠头、码头与石矴步、石桥
- 石坊、石亭、石廊
- 石塔、石舫、石屋
- 置石、山石盆景、假山等

第三章

第一节　石雕小品

一、石制农工具与水钵（花钵）实例图录

1. 石磨、石碾子、石碓、石臼、石杵、石秤锤等

上图3-1不同石材制作的形态各异石磨。

下图3-2大小不同的各种石碾子。

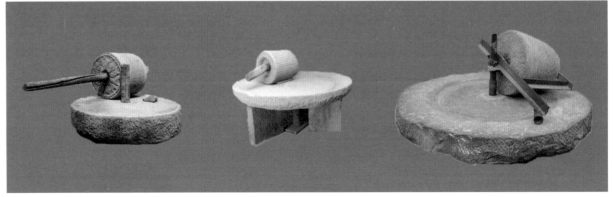

图3-3 各种形态的石碓、石臼、石杵、石砣、石秤锤等。

2. 水钵、水槽、石缸等器皿

图3-4、图3-5不同石材制作的各种形态（四方形、长方形、圆形、梅花形、花瓶形、桶形、碗形等）水钵、水槽、水碗、石缸等器皿。

3. 石花钵

右图3-6不同石材制作的各种形态（花瓶形、桶形、碗形、盘形、四方形、长方形、圆形、鼓形、多角形等）石花钵。

二、井石与花台实例图录

1. 井石

左图3-7不同石材制作的各种形态（直立式、平铺式的四方形、长方形、六角形、八角形、圆形等）井石。

图3-8不同石材制作的各种形态（直立式、平铺式和斜坡式的圆形、六角形、八角形等）井石。

2. 花台

图3-9不同石材制作的各种形态（四方形、长方形、圆形、椭圆形、六角形、八角形）石花台。

图3-10不同石材制作的各种形态（四方形、长方形、圆形、八角形及弧形等）石花台。

图3-11 不同石材制作的各种形态石花台和水池石台等。

三、石墩与石桌、石椅、石凳实例图录

1. 石墩

图3-12不同石材制作的各种形态（鼓形、圆形、球形、扁圆形、六角形、八角形、覆盆莲花形和须弥座形等）石墩。

图3-13不同石材制作的各种形态（鼓形、方形、多边形、莲花形和须弥座形等）石墩。

图3-14不同石材制作的各种形态（鼓形、扁圆形、多边形、柱形、莲花形和须弥座形等）石墩。

图3-15不同石材制作的各种形态（鼓形、圆形、扁圆形、多边形、柱形、莲花形、须弥座形、凳形等）石墩。

2. 石桌、石椅、石凳

图3-16、图3-17不同石材制作的各种形态（四方形、长方形、圆形、鼓形、仿生形、车轮形、挖空形、雕纹形及雕花形等）石桌、石椅、石凳。

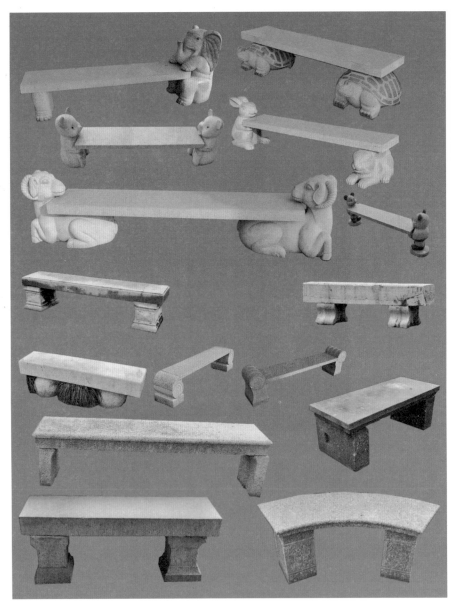

图3-18不同石材制作的各种形态石凳、石椅及石桌、石凳组合。

图3-19不同石材制作的各种形态（四方形、圆形、鼓形、雕纹形等）石桌、石凳组合。

图3-20不同石材制作的各种形态（四方形、长条形、圆形、鼓形、雕纹形等）石桌、石凳组合和自然石材制作的石桌、石凳组合以及圆（方）桌、鼓凳组合的石桌、石凳等。

图3-21
不同石材制作的各种形态（四方形、长条形、圆形、鼓形、挖空形和挖空雕纹形等）石桌、石凳组合。

图 3-22
不同石材制
作的各种形
态（四方形、
长条形、圆
形、花瓶形、
雕纹形等）
石桌和石供
桌。

四、石碑、匾额、指示牌实例图录

1. 石碑、匾额

右图3-23不同石材制作的各种形态石碑、碑座（须弥座、普通方座）、匾额及文字碑刻；

左3-24不同石材制作的各种形态石碑及文字碑刻。

图3-25不同石材制作的各种形态石碑及文字碑刻。

图3-26不同石材制作的各种形态石碑及文字碑刻。

图3-27不同石材制作的各种形态石碑及文字碑刻。

左图3-28、右图3-29不同石材制作的各种形态石碑及文字碑刻。

图3-30不同石材制作的各种形态石碑、石碑碑首、匾额及文字碑刻。

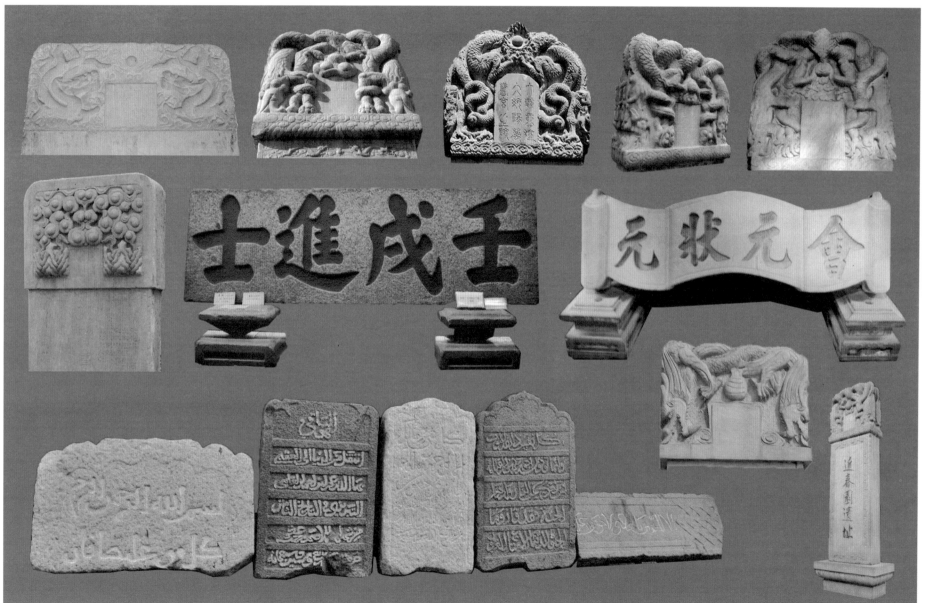

2. 指示牌

图3-31 不同石材制作的各种形态标志牌、标示牌、说明牌、导游牌等。

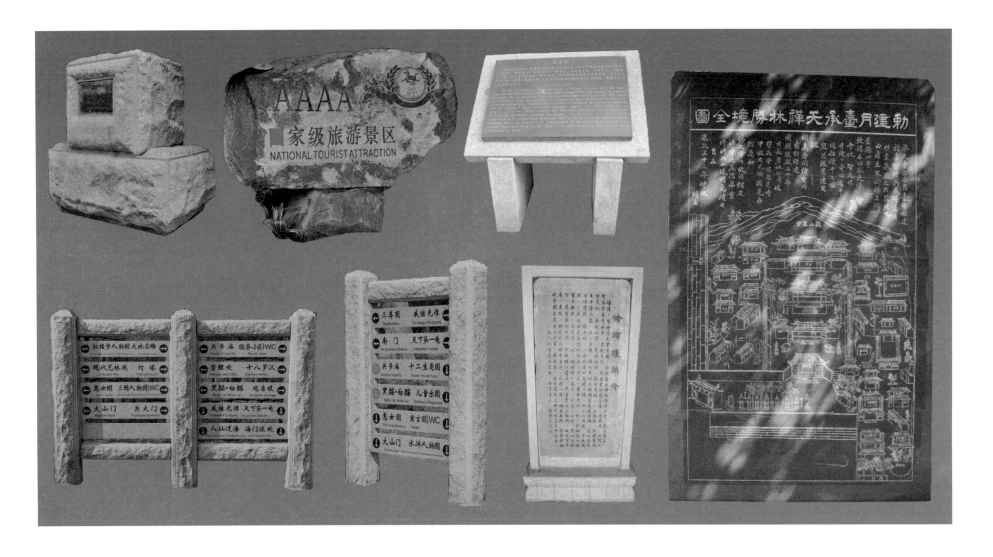

五、石鼎、香炉、石日晷实例图录

1. 石鼎

图 3-32 不同石材制作的各种形态（三脚、四脚和瓶式）石鼎。

2. 香炉

图3-33 不同石材制作的各种形态（圆形、长方形、多角形和亭形、灯笼形）香炉。

图3-34不同石材制作的各种形态（圆形、长方形、多角形和亭形、灯笼形）香炉。

3. 石日晷

图3-35 花岗岩和汉白玉等石材制作的各种形态石日晷。

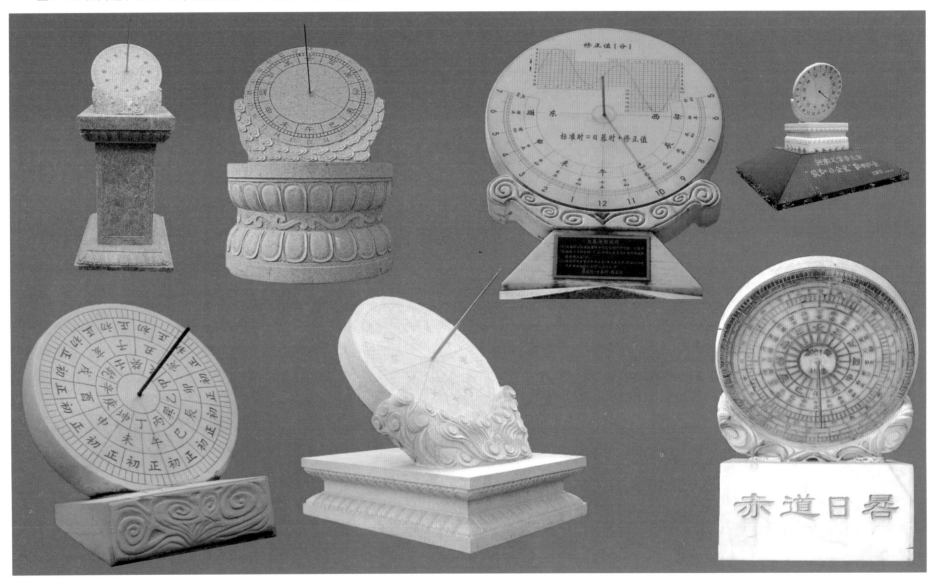

图3-36汉白玉制作的各种形态石日晷。

六、石灯实例图录

图3-37不同石材制作的各种形态石灯。

图3-38不同石材制作的各种形态石灯。

图3-39 不同石材制作的各种形态石灯。

图3-40 不同石材制作的各种形态石灯。

图3-41 不同石材制作的各种形态石灯。

图3-42 不同石材制作的各种形态石灯。

七、各种动物石雕、植物石雕、人物石雕、抽象石雕实例图录

1. 动物石雕

图3-43 不同石材制作的各种形态和各种神态的石狮（最右侧为抱鼓石狮雕）。

图3-44不同石材制作的具有北方风格的各种形态、各种神态石狮。

图3-45 不同石材制作的具有北方风格的各种形态、各种神态石狮。

图3-46不同石材制作的具有南方风格的各种形态、各种神态石狮。

图3-47不同石材制作的具有南方风格的各种形态、各种神态石狮。

图3-48不同石材制作的具有南方风格的各种形态、各种神态石狮。

图3-49不同石材制作的具有南方风格的各种形态、各种神态石狮。

图3-50 不同石材制作的具有南方风格的各种形态、各种神态石狮。

图3-51 不同石材制作的具有南方风格的各种形态、各种神态石狮。

　　下图3-52具有南方风格的
各种形态、各种神态的狮子戏球。
　　上图3-53不同石材制作的
各种形态麒貔、豼麟等。

图3-54、图3-55不同石材制作的各种形态麒貔、狻麟、独角兽等。

图3-56不同石材制作的各种形态虎、鹿、羊、猫、米老鼠、鸡、鹰、鹤、凤凰等。

图3-57不同石材制作的各种形态大象。

图3-58不同石材制作的各种形态大象。

左图3-59 不同石材制作的各种形态大象。

右图3-60 不同石材制作的各种形态马、牛。

图3-61 不同石材制作的各种形态龙和螭首。

图3-62 不同石材制作的各种形态龙柱。

图3-63不同石材制作的各种形态龟趺和龟。

图3-64不同石材制作的各种形态鱼。

2. 人物石雕

图3-65 不同石材制作的各种神态人物（佛像、中国古代和当代历史名人等）石雕。

图3-66不同石材制作的各种神态人物（佛像、孔子和中国古代、当代历史名人等）石雕。

图3-67不同石材制作的各种神态人物（佛像和中国古代、当代历史名人等）石雕。

图3-68、图3-69不同石材制作的各种神态人物（佛像）石雕。

图3-70不同石材制作的各种神态人物（佛像）和动植物石雕。

图3-71 不同石材制作的各种神态中外人物石雕。

图3-72 不同石材制作的各种神态人物石雕。

图3-73 不同石材制作的各种神态外国人物石雕。

3. 城市园林石质雕塑及抽象石雕

图3-74不同石材制作的各式城市园林石雕，包括抽象雕塑、主题雕塑等。

CHAPTER 4

八、华表与石柱实例图录

1. 华表

图3-75 汉白玉制作的各种形式华表和柱头怪兽——"犼"石雕。

2. 石柱

图3-76、图3-77不同石材制作的各种形式（方柱、六棱柱、圆柱等）中外石柱和华表。

图3-78、图3-79不同石材制作的各种形式（方柱、六棱柱、八棱柱、圆柱等）石柱和墓表等。

图3-80 不同石材制作的各种形式（方柱、六棱柱、八棱柱、圆柱等）石柱和墓表等。

九、石花窗、壁雕、照壁和摩崖刻石实例图录

1. 石花窗
图3-81、图3-82不同石材制作的各种形式石花窗。

图3-83 不同石材制作的各种形式人物、动物、植物石雕花窗。

2. 壁雕

图3-84、图3-85不同石材雕琢的各式人物、动物、植物、文字等图案形式的壁雕。

图3-86不同石材雕琢的各式人物、动物、植物、文字等图案形式的壁雕。

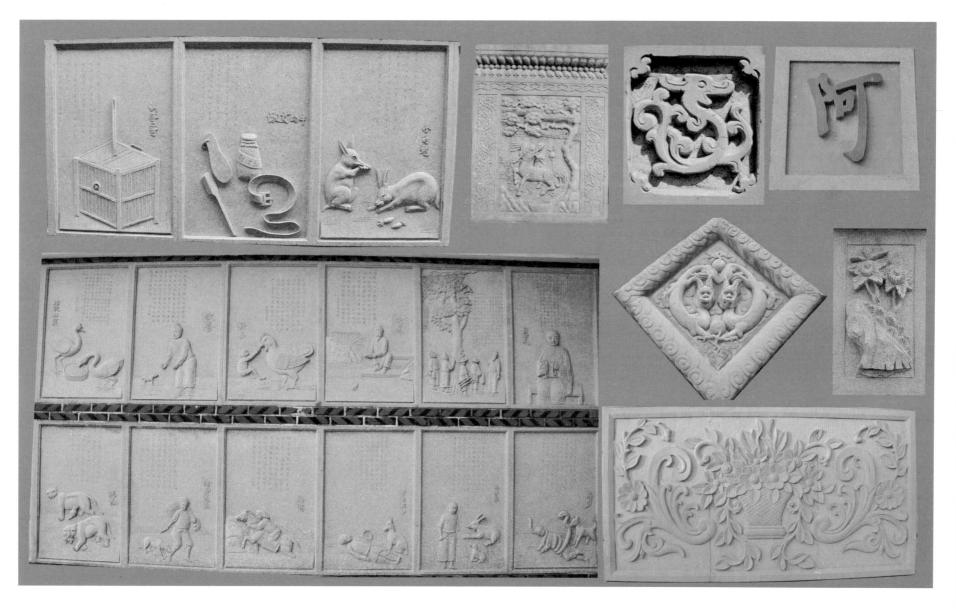

图3-87青石雕琢的各式人物、动物、植物、文字等图案形式的壁雕。

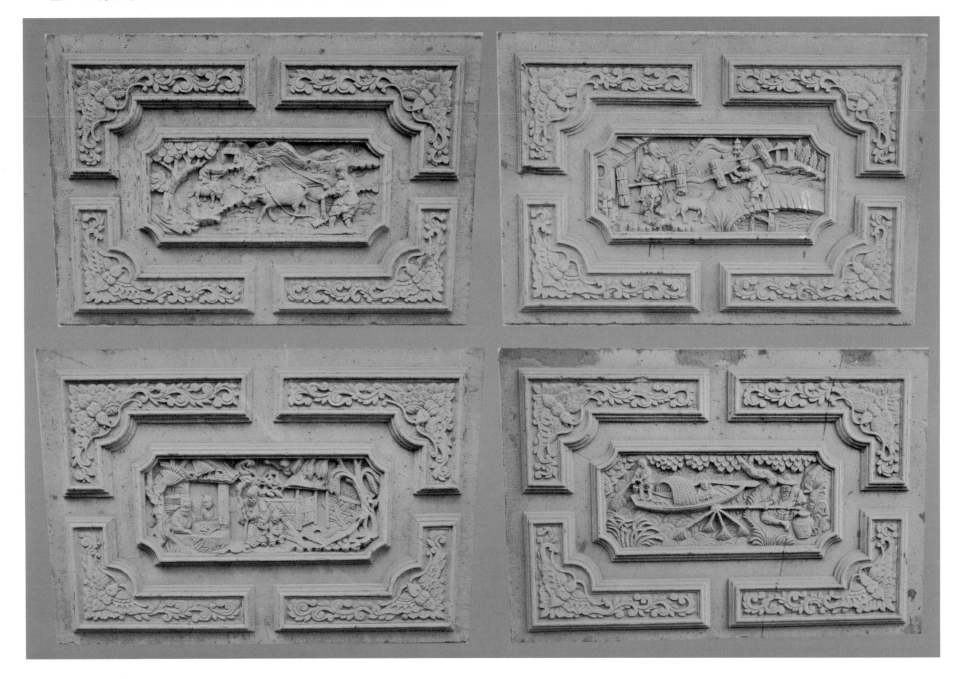

图3-88、图3-89不同石材雕琢的各式图案形式的壁雕。

图3-90 各种神态的龙和祥云及其他动物、植物图案式壁雕。

图3-91石坊中各种梁、柱、匾额等石雕艺术及墙、石碑、建筑构件的石雕工艺。

3. 照壁

图3-92 各种形态的照壁及各式人物、动物、植物、文字等图案形式的壁雕。

4. 摩崖刻石

图3-93、图3-94山东泰山，浙江雁荡山，福州于山、鼓山等风景区中的摩崖刻石。

图3-95风景区、寺庙、公园中的字形石刻。

十、御道（御路石）、柱础、栏杆（栏杆头）、夹杆石实例图录

1. 御道（御路石）

图3-96不同石材雕琢的，各式玲珑剔透的御路石和庄严的御道。

图3-97不同石材雕琢的，各式玲珑剔透的御路石和庄严的御道。

2. 柱础

图3-98 不同石材制作的各种形态单层柱础和多层柱础（方形、鼓形、扁圆形、莲花形、八角形和须弥座形等）。

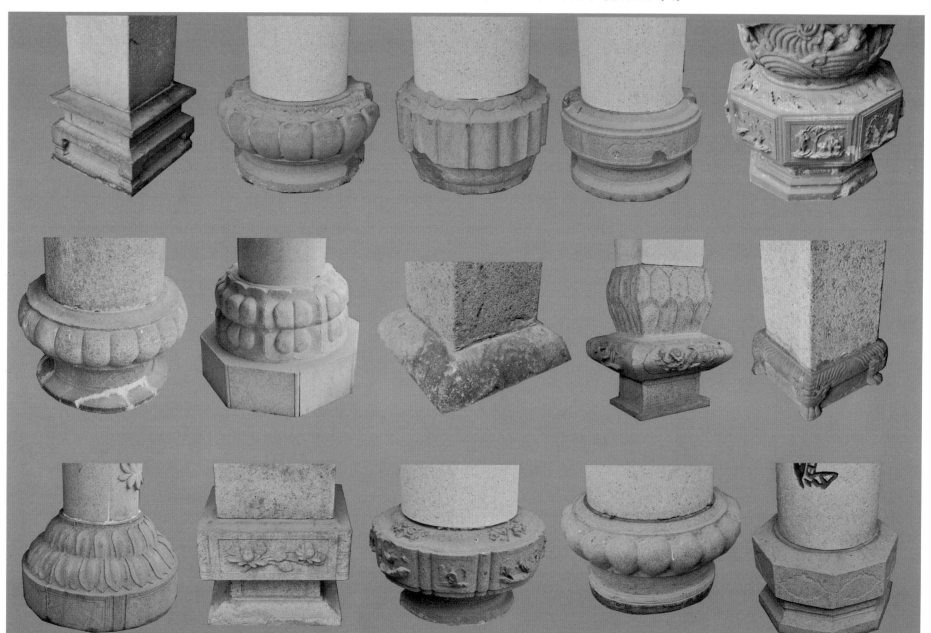

图3-99 不同石材制作的方形、扁方形、圆鼓形、扁圆形、莲花形和须弥座形等各种形态柱础。

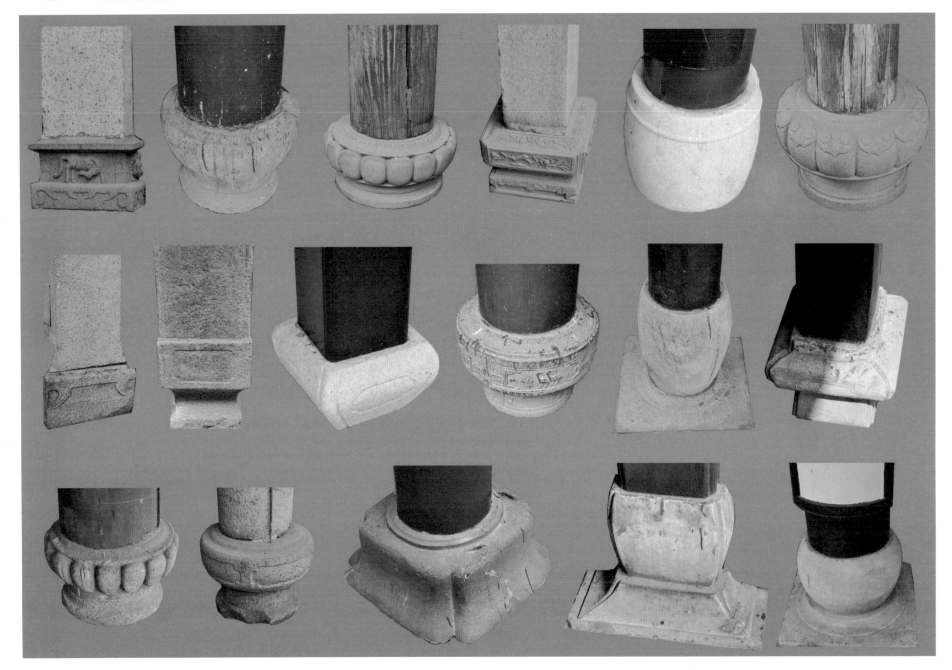

图 3-100 不同石材制作的形式多样的单层柱础和多层柱础（方形、扁方形、鼓形、扁圆形、莲花形和须弥座形等）及墙脚。

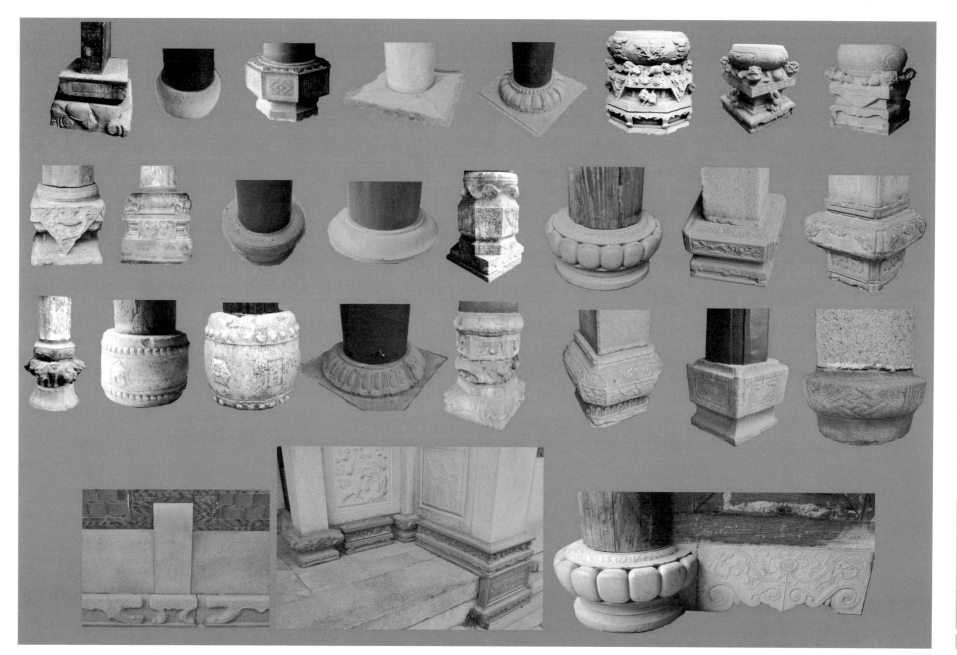

左图3-101、右图3-102 不同石材制作的方形、扁方形、鼓形、扁圆形、莲花形和须弥座形等各种形态单层柱础和多层柱础。

3. 栏杆（栏杆头）

图3-103 不同石材制作的各种形态栏杆。

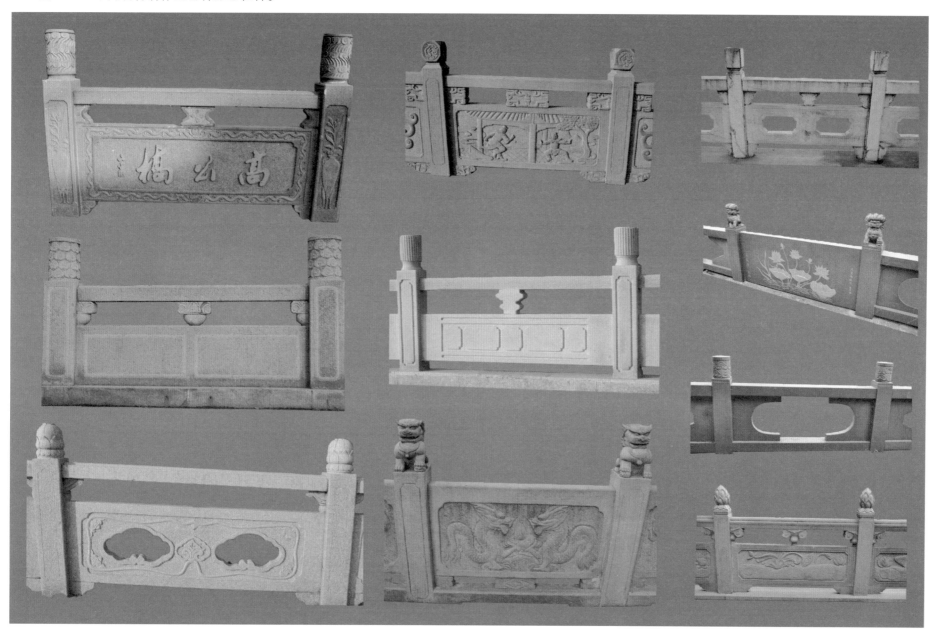

图 3-104 不同石材制作的各种形态栏杆。

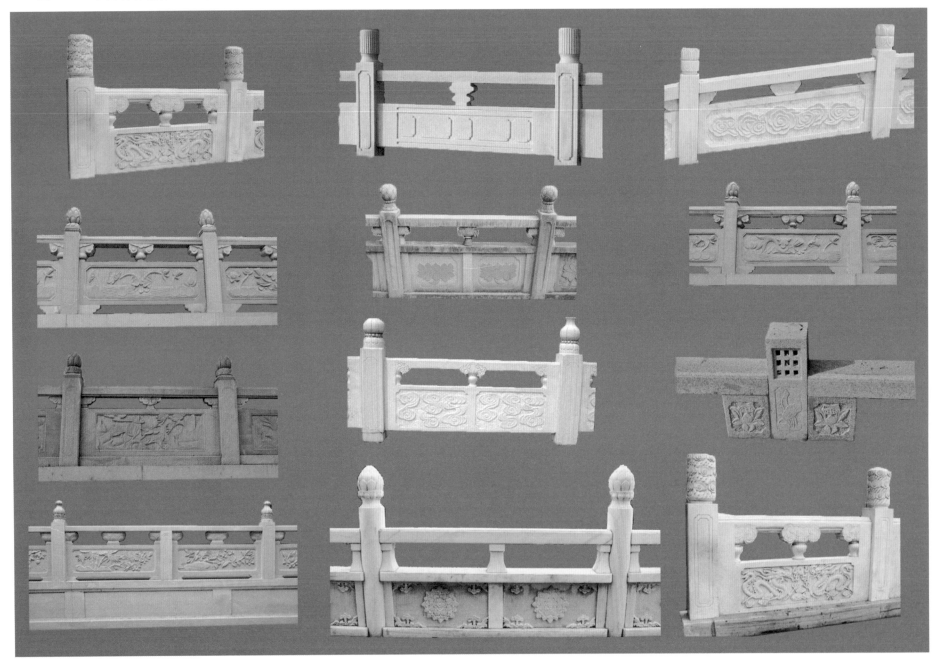

图3-105不同石材制作的各种形态栏杆。

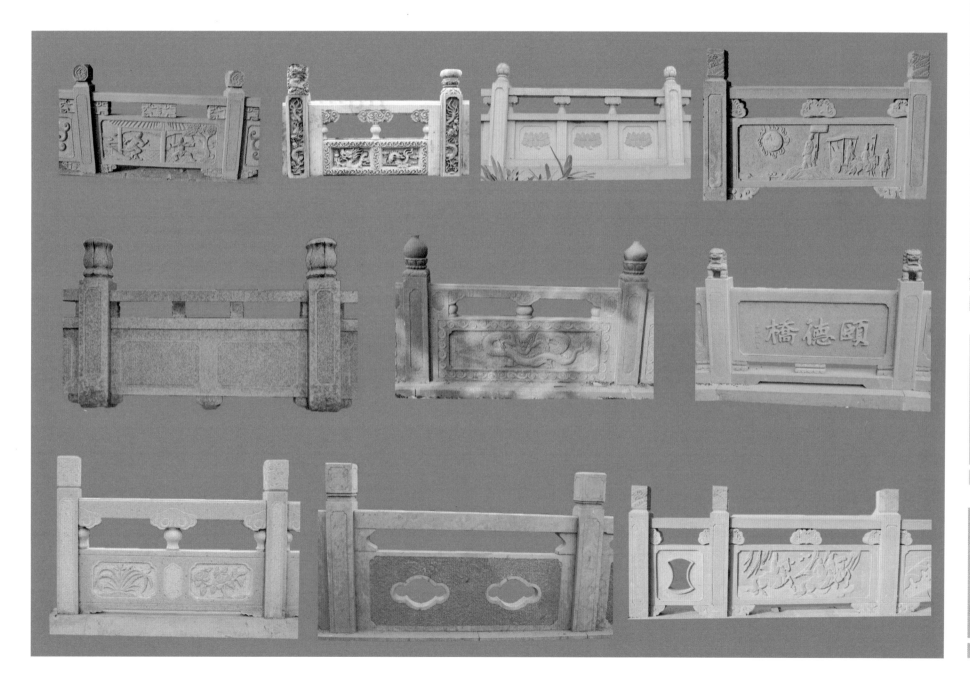

图3-106不同石材制作的各种形态栏杆。

图3-107 不同石材制作的各种形态栏杆。

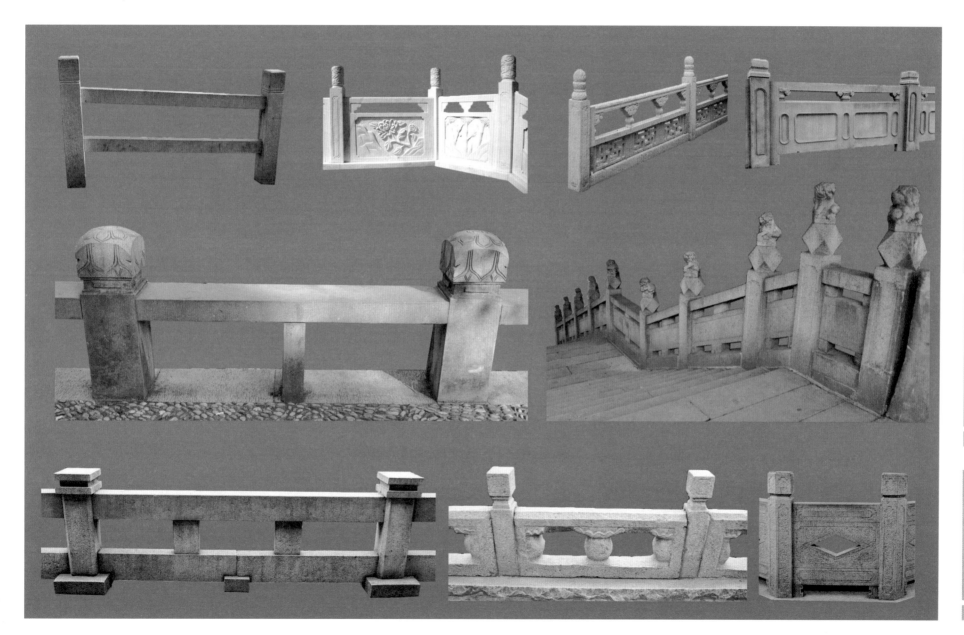

图3-108不同石材制作的各种形态栏杆。

图3-109不同石材雕刻的各种形态（龙凤、云龙、云风纹饰，火焰纹饰，石榴、莲花造型及寓意吉祥如意、幸福长寿的图案装饰等）栏杆柱头（望柱头）。

图3-110不同石材雕刻的各种动物（狮子、象、麒麟等）形态的栏杆柱头（望柱头）。

4. 栏杆夹杆石

图3-111 不同石材制作的各种形态栏杆夹杆石或抱鼓石。

图3-112 不同石材制作的各种形态栏杆夹杆石或抱鼓石。

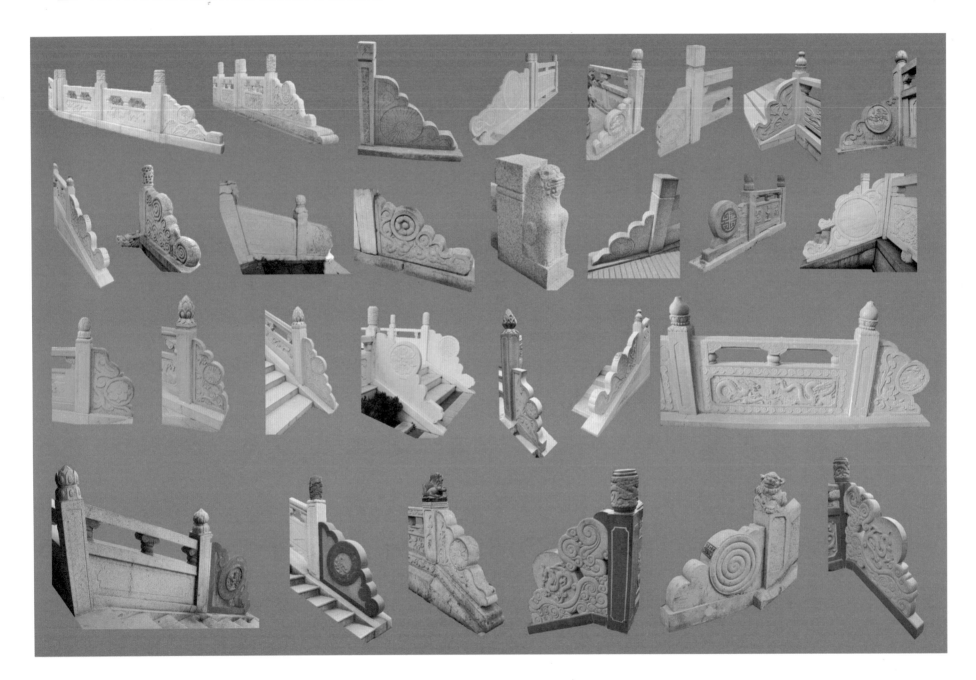

图3-113不同石材制作的各种形态栏杆夹杆石或抱鼓石。

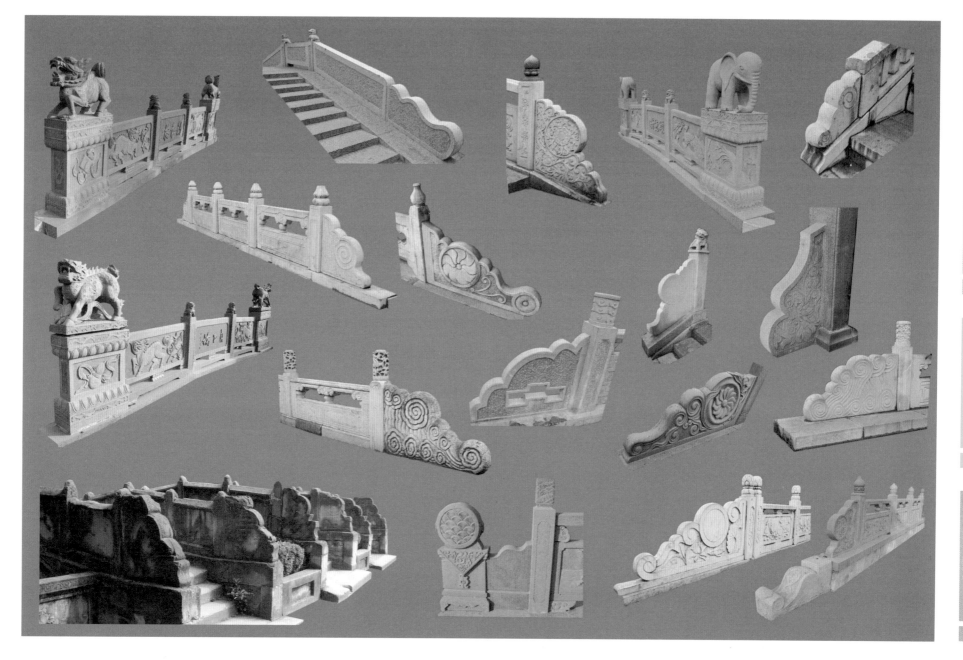

十一、门枕石与抱鼓石实例图录

图3-114、图3-115、图3-116不同石材制作的各种形态门枕石。

图3-117不同石材制作的刻有蝠、鹿、兽（寓意福禄寿等）及其他吉祥纹样的各种形态（箱形、鼓形）门枕石。

图3-118不同石材制作的刻有瑞兽祥云、花鸟虫鱼、蝶入兰山、蹲狮骑鼓、吉祥如意的各种形态抱鼓石。

图3-119不同石材制作的高低不同、形态各异的抱鼓石。

图3-120不同石材制作的各种形态抱鼓石。

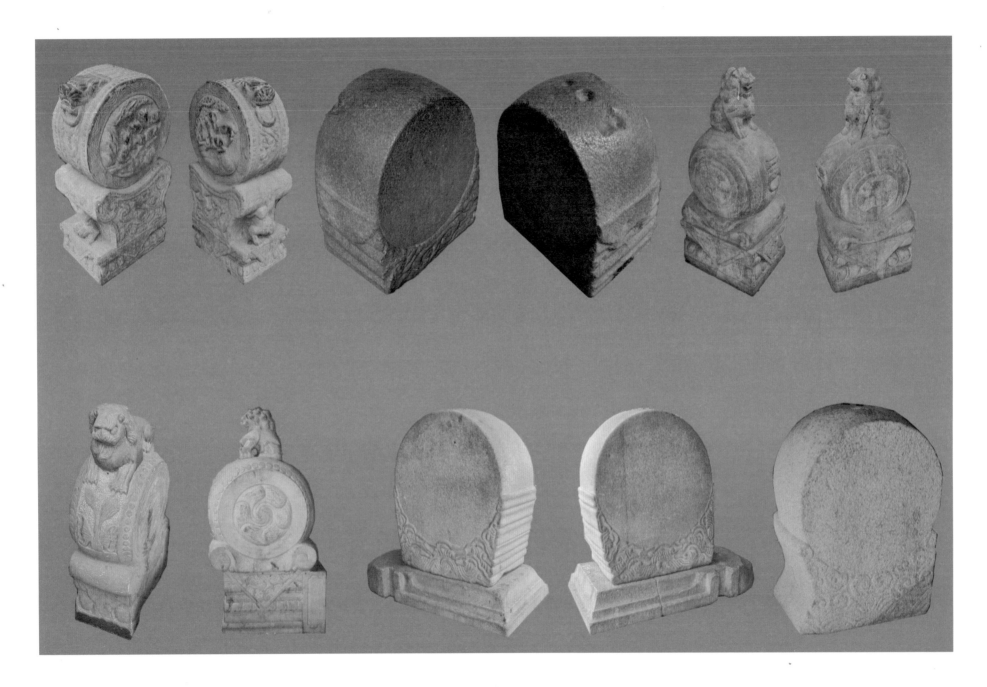

图3-121、图3-122 不同石材制作的各种形态门枕石和抱鼓石。

图3-123、图3-124不同石材制作的刻有麒麟、狮子、大象等动物形象的形态各异的桥梁栏杆夹杆石或抱鼓石。

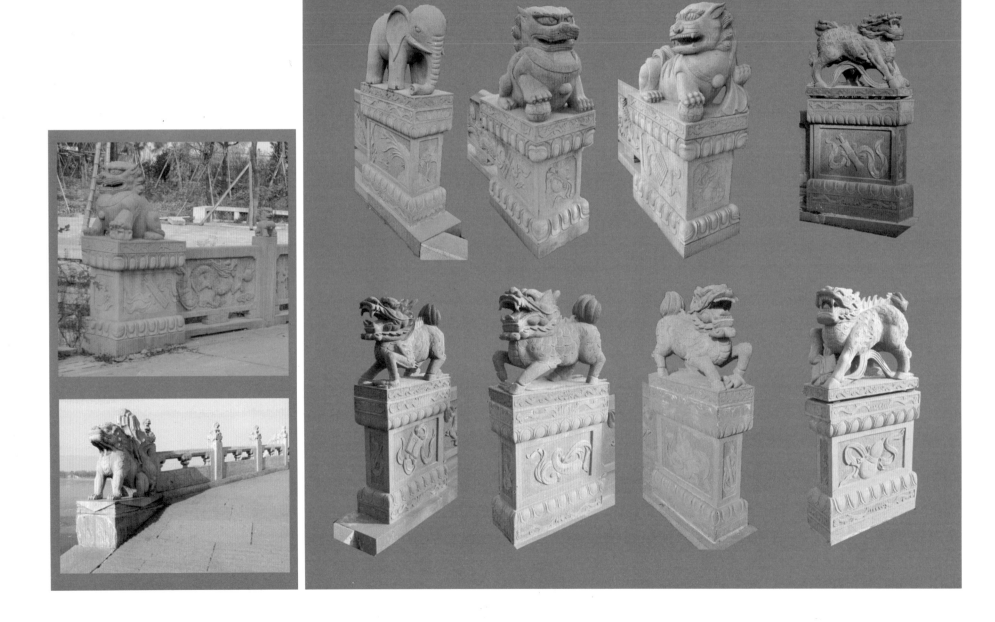

第二节 地面石铺装、台基、台阶与垂带石、御道及门

一、地面石铺装实例图录

1. 卵石图案式铺装

图3–125、图3–126各种图案式卵石铺装。

2. 卵石与石板组合图案式铺装

图3-127卵石（雨花石）图案式铺装和卵石与石板组合的各种图案式铺装。

图3-128 卵石与石板组合的各种图案式铺装。

图3-129卵石与石板组合的各种图案式铺装。

3. 石板冰裂（纹）图案式铺装

图3-130不同石材铺设的石板冰裂（纹）园路、广场。

4. 砾石图案式铺装
图3-131砾石铺设的各种图案园路、广场。

5. 块石或石板锼草式铺装

图3-132锼草式块石或石板铺设的各种园路和广场。

6. 雕花石板的铺装

图3-133雕花石板铺设的各种园路、广场。

7. 石板铺装艺术

图3-134、图3-135 各种不同石材铺设的图案式石板园路、广场。

二、台基实例图录

图3-136 不同石材制作的各种形式须弥座（基座）。

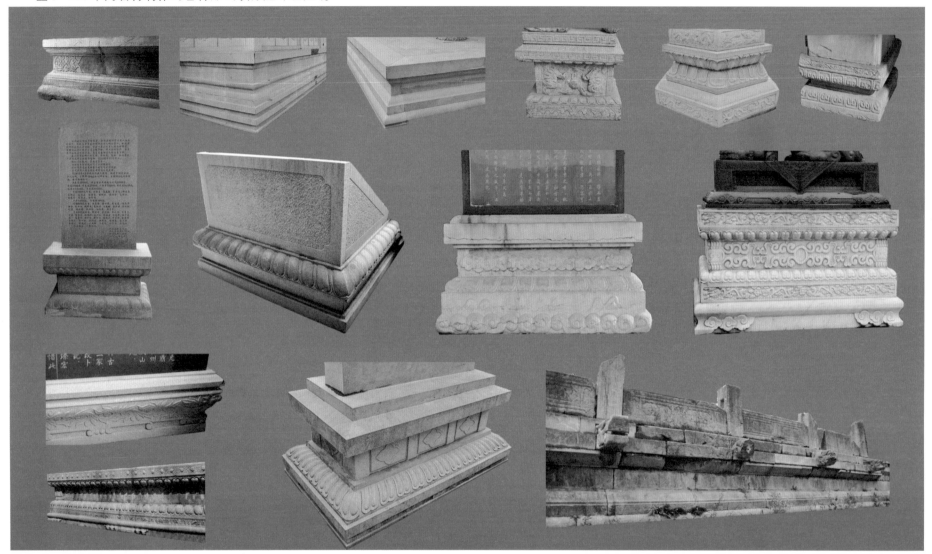

图3-137不同石材制作的各种形式须弥座（基座）。

CHAPTER 1　CHAPTER 2　CHAPTER 3　CHAPTER 4

三、台阶与垂带石实例图录

图3-138、图3-139不同石材制作的各种形式垂带石和踏跺。

图3-140不同石材制作的各种形式垂带石和踏跺。

图3-141、图3-142花岗岩制作的不同石材制作的各种形式垂带石和踏步。

图3-143 不同石材制作的各种形式踏步和栏杆。

四、门实例图录

图3-144不同石材砌筑的各种形式屋宇门——城门。左图：建于1511年的马来西亚圣地亚哥城堡门。中上图：四川省广元昭化古城门。中下图：福建霞浦古城门。右上图：浙汀衢州古城门。右下图：浙江嘉兴某处公园中城门式建筑。

图3-145、图3-146不同石材砌筑的各种形式墙门（山门、棂星门）、牌楼式门、门洞等。

图3-147、图3-148不同石材建造的各种形式墙门、屋宇门。

图3-149、图3-150不同石材建造的各种形式墙门（门洞）、屋宇门等。

第三节　石墙和石坎

一、石墙实例图录

右图3-151 毛石和块石砌筑的各种形式石墙。

左图3-152 方整块石砌筑的各种形式石墙。

图3-153 方整块石砌筑的各种形式石墙。

图3-154 方整块石砌筑的各种形式石城墙。

图3-155卵石砌筑的各种形式石墙。

图3-156毛石（片石）砌筑的各种形式石墙。

图3-157毛石、块石或卵石堆叠的各种形式石笼墙。

右图3-158砖、石砌筑的图案式石墙。

左图3-159块石（条石）勾缝石墙和毛石勾缝石墙。

图3-160 条石砌筑的城墙。

图3-161 参与文化石装饰的各种形式墙。

二、石坎实例图录

图3-162 条石砌筑的各种形式石坎。

图3-163采用卵石装饰的护坡和条石砌筑的石坎。

图3-164采用块石（毛石）砌筑的石坎和置石（假山）堆叠的石坎及石桩护坡。

第四节 埠头、码头与石矴步、石桥

一、埠头、码头实例图录

左图3-165各种形式埠头（码头）。上图为双伸双入式埠头（码头），下图为单伸单入式埠头（码头）。

右图3-166用条石或块石砌筑的直入式、单入式、双伸单入式等各种形式埠头（码头）。上左图为单入式埠头；上右图、中左图、下左图直入式埠头；下右图双伸单入式埠头。

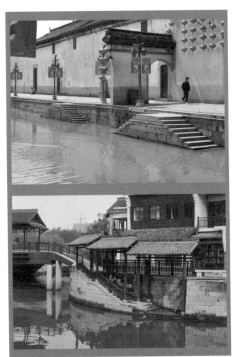

图3-167用条石或块石砌筑的各种形式埠头（码头）。如上右图为单伸单入式；上中图、上左图、下右图为单伸双入式；下左图为双伸单入式等埠头（码头）。

图3-168用条石或块石砌筑的各种形式埠头（码头）。如上左图、上右图为双伸单入式；下右图为单伸双入式；下左图为平伸式等埠头（码头）。

二、石矼步、石桥实例图录

1. 石矼步

图3-169、图3-170用卵石、条石、块石、毛石等材料砌筑的直线、曲线、折线等各种形态的石矼步。

2. 石桥

（1）石板平桥与石梁桥

图3-171、图3-172在不同的溪流或河道所采取的形式各异的单孔石板平桥及石梁桥等。

图3－173、图3－174各种形式三孔和多孔平桥（统称九曲桥）及石梁桥。

（2）石拱桥

图3-175 各种形式单孔石拱桥。如半圆、马蹄、全圆、蛋圆、椭圆等石拱桥。

图3-176各种形式单孔石拱桥。如半圆、全圆、蛋圆、椭圆、抛物线圆等石拱桥。

图3-177 各种形式单孔石拱桥。如半圆、全圆、马蹄、蛋圆、椭圆等石拱桥。

图3-178 各种形式单孔石拱桥。如半圆、全圆、蛋圆、椭圆、抛物线圆等石拱桥。

图3-179 各种形式单孔石拱桥。如半圆、全圆、蛋圆、椭圆、抛物线圆等石拱桥。

图3-180 各种形式单孔石拱桥及横联式券拱桥。如半圆、全圆、蛋圆、椭圆、抛物线圆等石拱桥。

左图3-181 各种形式的单孔、二孔、三孔石拱桥。

右图3-182 各种形式（半圆、全圆、蛋圆、椭圆等）三孔石拱桥。

图3-183 各种形式五孔、七孔石拱桥。如半圆、蛋圆、椭圆等多孔石拱桥。

第五节 石坊、石亭、石廊

一、石坊实例图录

1.石牌坊

造型特点：主要集中在柱头的造型、梁枋的雕刻和抱鼓石（夹杆石）的形态变化等。

左图3-184一间二柱式石牌坊（广州西樵山白云古道"第一洞天"牌坊）。

右图3-185各种形式一间二柱式石牌坊或棂星门。

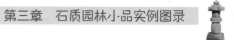

图3-186各种形式三间四柱式牌坊。

造型特点：主要体现在柱头的造型，梁枋的数量及雕刻和抱鼓石（夹杆石）、雀替的形态变化。

如上左图：广东佛山牌坊，简洁大方。上中图：嘉兴南湖牌坊，多层次的梁枋重叠。中中图：苏州市枫桥镇中峰禅寺牌坊，简洁的梁枋结构。下中图：广东省鼎湖山庆云寺牌坊，柱头造型、梁枋重叠和精湛的雕刻等。下左图：南京古街牌坊，柱头的变化、梁枋的雕刻等。

图3-187 各种形式三间四柱式牌坊。造型特点如下。

如下右图：河南社旗县赊店镇牌坊，柱头造型、梁枋重叠、雀替细作等石雕艺术。下中右图：浙江苍南龙港镇张家堡双牌坊，梁枋重叠，二种石材（花岗岩、青石）组合，富有特色。下左图：梁枋重叠、雕艺精湛、组合完美的牌坊。上左图：湖南白沙井牌坊和上右图福州鼓山牌坊，简洁大方。中右图：福州古街牌坊，二种石材（花岗岩、青石）组合，造型落落大方等。上中图：石柱雕龙，别具一格。

2. 石牌楼

图3-188 各种形式一间二柱一楼式牌楼。

造型特点：主要体现在楼顶的造型上。如左图和右下图：泰山牌楼，歇山楼顶，简洁明了。右上图：楼顶造型仿木结构，复杂而精细。

图3-189 各种形式一间二柱一楼式牌楼。

造型特点：主要体现在楼顶的造型和梁枋的处理上。如上左、下中左、下左图：泰山牌楼，歇山楼顶，简洁明了。上中左图：福州古街牌楼，楼顶设塔，形成楼、塔结合，富有特色（塔可称为过街塔）。上中右图：泉州古街牌楼，梁上设小楼，梁枋重叠，雕饰图纹，雕琢精细。下中右图：福州古街牌楼，梁上设小楼，构造简洁，别有特色。上右图：福州古街牌楼，梁上设楼，斗拱承托，变化构造，体现不同的造型风格等。

图3-190各种形式一间二柱二楼、三楼式牌楼和三间四柱三楼式牌楼。

一间二柱三楼式牌楼造型特点：主要体现在楼顶的造型和梁枋的构造。如左上右图：黄鹤楼公园牌楼，斗拱承托着通透的三个大小不同的楼屋，脊梁翘角，梁枋叠加，别具一格。左下右图：鬼城牌楼，实楼实屋，脊梁翘角，梁枋雀替，图纹雕刻等。

三间四柱三楼式牌楼造型特点：主要体现在楼顶的造型变化和柱梁枋的构造与装饰。如右上中图：湖北襄樊古隆中石牌楼，楼屋通透，梁枋叠加，斗拱翘角，脊梁设吻。右下左图：陕西原平市朱氏牌楼，实楼实屋，歇山大屋顶，脊梁置吻，稳重庄严，具有北方特色。右中左图：泉州古街牌楼，通透楼屋，楼顶平翘，梁枋雕琢，青白石材，相契自如等。

图3-191 各种三间四柱三楼式牌楼。造型特点如下。

如上左图：安徽歙县许国"大学士"石坊，八柱四面，"口"字布局；楼屋通透，斗拱托梁，梁枋叠加，脊梁翘角；匾额雀替，吻饰雕刻；规模宏大、举世无双。下左图：山西五台山龙泉寺石牌坊，造型精致，实楼实屋，歇山大屋顶，斗拱、梁枋、匾额、雀替、吻饰雕刻精致，令人震撼。上右图：安徽棠樾石牌坊群，楼屋通透，斗拱托梁，脊梁翘角，梁枋雕刻，纹饰精美，玲珑精致。下右图：山西榆次常家大院石牌坊，实楼实屋，歇山屋顶，斗拱叠加，梁枋、匾额、雀替、吻饰雕刻，富有北方特色。下中图：桂北地区灌阳县文市牌坊，楼屋通透，镂窗装饰，造型精巧，吻饰高翘，脊梁置塔，极具特点等。

右图3-192各种形式三间四柱三楼式牌楼。造型特点如下。

如中左图：山东蓬莱阁牌坊，冲天石柱。斗拱托梁，楼屋通透，雕梁龙柱，脊梁吻饰，别具一格。中右图：梁枋龙柱，脊梁翘角，雀替吻饰，精致雕刻等。

左图3-193三间四柱带翼楼式牌楼和三间四柱三楼式牌楼。造型特点如下。

如上图：带翼楼式牌楼，翼楼悬挑，雕梁龙柱，精致美观。中图：珠海梅溪牌楼，三间四柱三楼，实楼实屋，斗拱托梁，庑殿屋顶，脊立鸱吻，火焰宝珠，牌楼雕刻着花卉、瓜果、人物、瑞兽、暗八仙纹祥，其造型极具中西合璧的艺术特点，是石建筑中的艺术珍品。下图：南少林寺牌楼，中梁设楼，梁枋重叠，斗拱雀替，图纹雕饰，另具风格等。

图3-194各种形式三间四柱五楼石牌楼。如左图安徽黟县西递村胡文光牌楼、中上图四川成都仁寿县双石牌楼、右下图山东单县百狮坊等，它们的特点与不同主要表现在楼体的高度、屋顶的造型、梁枋的布置和柱梁枋装饰的变化等，形成各具特色的三间四柱五楼石牌楼。

图3-195 各种形式三间四柱五楼石牌楼。如上左图陕西黄帝陵牌楼、上中图嘉兴海神庙牌楼、上右图陕西华阴县南凡镇牌楼、下右图运城市解州关帝庙石牌楼、下中图广东省德庆县悦城龙母祖庙牌楼、下左图江西省铅山县鹅湖书院的"斯文宗主"牌楼等，它们的特点与不同主要表现在楼顶的造型、楼高的变化、牌楼石柱的排列和柱梁枋的叠加与构造等，产生各自的特色，凸显当地的文化内涵。

右图3-196各种形式三间四柱五楼石牌楼。

造型特点：楼顶造型的大小、楼屋通透的变化和柱梁枋的构造与装饰的不同，来突出特色。如上左图：河北灵寿县傅氏"三世中枢"牌楼，楼檐斗拱承托，梁枋透雕纹饰，四柱南北两侧夹柱石上，雕有8个大狮子和38个小石狮子，楼脊宝瓶饰顶，颇有南亚风格。下右图：福建泉州古街牌楼，由12根石柱承托的五座楼屋，产生不一样的风格和特色。

左图3-197合肥歙县徽园"普天同庆"三间四柱三楼石牌楼。

右图3-198

　　上左图：五间六柱五楼石牌楼

　　上中图：三间四柱七楼石牌楼

　　上右图：三间四柱九楼（带翼楼）石牌楼

　　中左图：三间四柱七楼石牌楼

　　中右图：五间六柱十一楼石牌楼（清东陵牌楼）

　　下左图：三间四柱七楼石牌楼

　　下右图：五间六柱五楼石牌楼

左图3-199

　　各种形式的石坊夹杆石或抱鼓石。

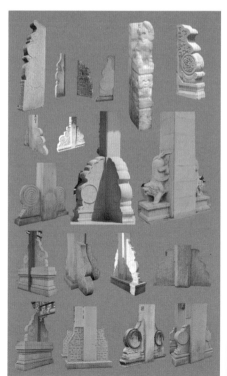

图3-200石坊构造中的柱、梁、枋、匾额、檐楼等具有中国特色的雕刻艺术。

二、石亭（石廊）实例图录

1. 圆形石亭

右图3-201中上左图：欧式葫芦顶圆形石亭。上中图：欧式圆顶圆形石亭。上右图：重檐攒顶圆形石亭（琉璃瓦屋面）。左图3-202中上左图：欧式圆形石亭。上右图：中西结合的六角圆盖攒顶石亭（圆明园）。

2. 方形石亭

右图3-201中下左上图：歇山顶方形石亭。下左下图：平顶方形石亭。下中图：坡顶方形石亭。下右图：歇山顶方形石亭。左图3-202中下图：重檐坡顶方形石亭。

右图3-203
上左图：歇山顶方形石亭
上中图：攒尖顶方形石亭
上右图：歇山顶方形石亭
中左图：无顶方形石亭
中右图：平顶方形石亭
下左图：歇山顶方形石亭
下中图：歇山顶方形石亭
下右图：攒尖顶方形石亭

3. 攒尖顶三角形石亭

左图3-204攒顶三角形石亭。

4. 六角石亭

图3-205

上左图：攒顶六角形石亭

上中左图：重檐攒顶六角形石亭

上中右图：攒顶六角形石亭

上右图：攒顶六角形石亭

下左图：重檐攒顶六角形石亭

下中图：重檐攒顶六角形石亭

下右图：攒顶六角形石亭

5. 石廊

图3-206欧式石廊架。

第六节 石塔、石舫、石屋

一、石塔实例图录

1. 经幢式塔

左图3-207、右图3-208不同石材制作的，形态各异的多层六棱、八棱经幢式塔。

2. 五轮塔

图3-209不同石材制作的各种形式五轮塔。

图3-210不同石材制作的各种形式五轮塔。

3. 楼阁式塔

左图3-211扬州石塔，右图3-212不同石材建造的各种形式楼阁式塔。

4. 密檐塔、覆钵式塔、亭阁式塔、多宝塔等

图3-213不同石材建造的各种形式密檐塔、覆钵式塔、亭阁式塔、多宝式塔等。

二、石舫实例图录

图3-214不同石材建造的各种形式石舫。上中、上右、下右图：北京颐和园石舫。下左图：南京总统府西花园石舫。上左图：天津海河天石舫。下中图：宁波东钱湖风景区霞屿禅寺内石舫。

三、石屋实例图录

图3-215不同石材建造的各种形式石屋。左图：贵州镇宁县石屋。上中图：四川阿坝藏族羌族自治州理县米亚罗石屋。上右图：澳大利亚灯塔石屋。右下图：上海江湾体育场内石材装饰的建筑。

图3-216 四川阿坝藏族羌族自治州理县米亚罗碉楼（塔式石屋）和欧式钟楼、塔楼。

图3-217福建泉州采用花岗岩建造的各种形式石屋（上右图：福建泉州残存的清净寺。其他图：福建泉州蔡氏古民居石屋）。

图3-218泉州、上海及欧洲等城市（山区）采用不同石材建造的（或装饰的）各种形式石屋（建筑）。

图3-219英国伦敦温莎城堡。

温莎城堡是英国王室的行宫之一，位于伦敦西北30公里的泰晤士河畔，占地7公顷，是目前世界上最大的一座尚有人居住的古堡式建筑群。

温莎城堡的所有建筑都用石材砌筑，共有近千个房间，四周为绿色草坪和茂密森林，古堡建筑造型精美，气势宏大。

上图3-220不同石材建造的石屋。如上左图：四川阿坝藏族羌族自治州理县米亚罗碉楼（石屋）。上中图：贵州镇宁县石屋的石片屋面。上右图：澳大利亚悉尼大学石屋。下左图：云南某处石屋。下右图：九寨沟某处石屋。

卜图3-221不同石材建造的形式各异的英国城堡和城堡中的石屋及塔楼。左图：英国塔式教堂。其他图为英国爱丁堡古城中的城堡和石屋。

第七节 置石、山石盆景、假山等

一、置石实例图录

右图3-222置石艺术。

上左图：园路铺装边的艺术置石

上右图：旱地造景的艺术置石

下左图：草地、花丛边的艺术置石

下右图："枯山水"景观中的艺术置石

左图3-223墙边置石。

上图3-224 各种形式的庭院水岸置石
下图3-225 各种形式的草坪置石

图3-226 各种形式的溪流、河流水岸置石。

图3-227 各种形式的公园园路边置石。

图3-228 各种形式的公园园路边置石。

二、山石盆景实例图录

上图3-229山石盆景。左图：大型山石盆景。右图：小型山石盆景。

下图3-230特大型山石盆景。

三、假山实例图录

　　下左图3-231、下右图3-232和下中图3-233各种形态的假山——孤石（"立峰"）。上左图3-234黄石假山瀑布。上右图3-235太湖石假山。

左图3-236、中图3-237、右上图3-238各种形态的假山——孤石（"立峰"），右中图3-239、右下图3-240不同石材堆叠的各种形态水岸假山和假山造景。

图3-241～图3-244不同石材堆叠的各种形态假山。

四、石材创意实例图录

像形石头——石头宴。

图3-245～图3-249一桌由玛瑙石、戈壁石、化石组成的满汉全席石头宴。其中有像"汤圆、红烧肉、发糕、五花肉、卤猪肝、酱肘子、烧海参等"各种形态的石头，品种丰富，色泽鲜艳，让人称叹。

石质园林小品的场地应用与艺术效果

本章内容介绍：

- 石质园林小品的场地应用
- 石质园林小品的布局艺术
- 石质园林小品的艺术效果

第四章

一、石质园林小品的场地应用

石质园林小品在农村到城市都有广泛的应用，特别是在现存的皇宫殿堂、宫廷衙署、陵园、名胜风景区、寺庙、宗教庭院、私家宅第、民居别墅和现代城市公园（城市广场、商业场所）及山区、沿海农村等地都将其作为景观景点，更是随处可见，无处不在。比如名胜风景区中的各种石雕、石坊、石桥和石亭等；商业场所门前、寺庙入口处布置的一对石狮；私家宅第门口布置的门枕石（抱鼓石）；皇宫殿堂的须弥座台基；陵园、宗教庭院中的石鼎、香炉和石五供；城市公园和广场中的石柱雕塑；农村古村落和私家宅第中的石制农工具、石井台等，无不为园林景观艺术增色添彩。为此，由于石质园林小品分布较广，布置的场地、场景以及体现的文化内涵各不相同，故我们根据石质园林小品的各自特点、布置情况和基本应用范围，可归纳为以下几种主要的场地应用。

1. 构件和小品类石质园林景观场地应用

（1）构件和小品名称

如构件类的地面铺装、台基（须弥座）、戏台、台阶（踏跺）、垂带石、御路（御陛石）、柱础、栏杆、门（门洞、门框）、门枕石、匾额、花台边缘石等；小品类的石制农工具、石器皿（水钵、花钵、石缸等）、石井台、石墩、抱鼓石、石桌（石椅、石凳）、石灯笼、各种石雕（动物石雕、园林浮雕）和雕像（人物

石雕、宗教石雕等）、石鼎、香炉、石日晷、石碑、指示牌、石花窗、石矴步和石桥、石坎、埠头（码头）、华表、石柱（文化柱、图腾柱、广场柱）、照壁、石墙、石坊（石牌坊、石牌楼）、石亭、石廊以及置石、山石盆景、假山艺术、石材创意、摩崖刻石等。

（2）所布置的场地

●皇家园林中：包括宫廷府第、皇宫、衙署、殿堂、御园、宫囿、花园等场所所布置的御路（御陛石）台阶等景观。如左图4-1御路（御陛石）台阶等。

●寺庙及宗教园林中：包括佛教的寺、庵、堂、院，道教的祠、宫、庙、观等场所所布置的石灯、香炉、石狮、门枕石、石塔、门洞等景观。如右图4-2寺庙庭院中的石灯笼，下页上左图4-3寺庙大殿前香炉，下页上中图4-4寺庙入口的对狮石雕，下页上右图4-5寺庙门口的门枕石，下页中中图4-6清

真寺门洞、石塔。

●名胜风景区中：包括历史建筑古迹、寺庙宗教园林及自然景观等场所所布置的石碑、石坊、石桥等景观。如中右图4-7名胜风景区入口处石碑。

●陵园和祭祀性园林中：包括帝王陵寝宫殿坛庙及文庙（孔庙）、武庙（关帝庙）及各种宗祠等场所所布置的御路（御陛石）、石坊、石五供祭台等景观。如下中图4-8文庙（孔庙）前的御路（御陛石），下左图4-9文庙前石坊，下右图4-10祭台、中左图4-11北京十三陵石五供和须弥座祭台等。

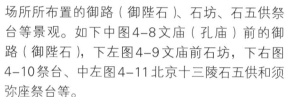

●私家园林中：包括我国南北的私家庭院、园林建筑等场所所布置的石碓、石桌（石凳）、石坊、石狮、门洞、门柱等景观。如上左图4-12庭院中石碓，上中图4-13私家园林中的石桌、石凳，上右图4-14石牌楼、石狮，中右图4-15石质门洞、门柱、壁雕等。

●古城防御守卫及纪念性园林中：包括古城墙、古城楼、村堡、关隘、长城、烽火台等场所所布置的石墙、城门、城堡景观等。如中左图4-16村落石围墙。

●城市现代园林中：包括城市各种绿地及城市广场等场所所布置的卵石地面、图腾柱、石花台、石坊等景观。如下左图4-17园林中的卵石地面，下中图4-18图腾柱，下页上左图4-19珠海梅溪华侨富翁陈芳先生故居广场前历史文化古迹——石坊等。

●民居宅第别墅庭院中：包括民宅、庭堂、院落等场所所布置的天井院落、石板铺地等景观。如上右图4-20宅第庭院，石板台阶的布置。

●交通、水利中：包括城市（古城）、乡村河道，园林湖泊等场所所布置的石桥、水闸等景观设施。如中左图4-21古城拱桥。

●商业场地中：包括商业门面、商业大厅等场所所布置的石狮、石灯笼景观等。如中右图4-22银行门口的对狮石雕。

2. 建筑类石质园林景观类型与场地应用

（1）建筑名称

如石塔、石舫、石屋等。

（2）所布置的场地

●皇家园林中：包括御园、宫囿等场所所布置的石舫、石塔景观。如颐和园中的石舫等。

●寺庙及宗教园林中：包括佛教的寺、庵、堂、院，道教的祠、宫、庙、观，回教的清真寺，基督教的礼拜堂等场所所布置的石塔景观。如下中图4-23三亚南山寺石塔。

●历史名胜风景区中：包括历史建筑古迹等场所所布置的石质墓塔林、石筑房屋等景观，如下右图4-24墓塔林，下左图4-25英国某石筑教堂等。

二、石质园

林小品的布局艺术

石质园林小品和建筑在我国造园史上有着悠久的历史，应用也极为广泛，特别是带有石雕艺术的小品在古典园林中更是处处可见，是园林景观元素中不可或缺的重要组成部分。它的建造工艺和雕琢艺术精悍无比，布局尤其讲究。比如我国的敦煌石窟、云冈石窟、龙门石窟、大足石窟和四川乐山大佛及四川广元皇泽寺摩崖等中的雕像石刻艺术，活灵活现；南京明孝陵神道石像生、北京明十三陵神道石像生和其他各大陵园中的各种文臣、武将、仕女、侍者等人物石像及石马、石象、石骆驼、石鸟、石兔等动物石像生石雕，形象逼真，布局具有艺术性；宫殿、御园、宅第布置的石雕小品（如北京故宫的华表、盘龙石御道，圆明园遗址内残存的石雕小品，山东曲阜孔府的石碑石刻及各类宫殿、官府、宅院中的门枕石和抱鼓石等）充分体现了帝王的气派和布局艺术的内涵；各大寺庙宗教场地的石雕小品配套（如实际寺汉白玉经幢，华清宫内的老君殿汉白玉石刻造像及各寺庙中的经幢、石碑、石柱础、石栏杆、须弥座、神龛、石香炉、石五供及石亭等）富有哲理和艺术性；各地景区和古镇的石桥布局（如河北赵州安济大石桥中各人、物、兽、龙头等石雕布局和桥梁建造，故宫前的汉白玉雕刻石桥，颐和园内的精美玉带石桥和十七孔大石桥以及卢沟桥整体布置等）科学合理，造艺高超；我国历代佛塔的造型与布置（如南京栖霞寺的舍利石塔，北京市房山区云居寺塔和石经，福建泉州开元寺双塔，福建福州乌塔，浙江杭州灵隐寺石塔，江苏扬州石塔，温州市龙湾区瑶溪镇国安寺石塔，昭关石塔，杭州三潭印月三座石塔，洛阳桥上的石塔，被认为中国六大塔林的少林寺塔林、灵岩寺塔林、临汝风穴寺塔林、青铜峡塔林、神通寺塔林、栖岩寺塔林以及各寺庙的五轮塔、宝箧印塔等），得体且富有内涵；西安碑林，山东曲阜碑林，峨眉山碑林，嵩山少林寺碑林等行列布局，气势引人，字刻艺术，潇洒自如；南京明孝陵石牌坊，南京中山陵牌楼，浙江南浔古镇刘宅牌楼，许国石坊和"治世玄岳"牌坊，孔陵与孔庙石牌坊以及各地的宫殿坊、官第坊、寺观坊、功德坊、陵园坊、园林坊、贞洁坊、忠孝坊和各种纪念性石坊等，重点布局，突出文化；皇宫、宅院、官衙、庙宇、陵墓、石坊、桥梁前和现代大型商厦、宾馆、酒楼大门布置千姿百态的石狮对立以及卢沟桥上的"石狮群"布置等，充分体现了人们对石狮的镇邪、祛恶、保佑之愿望的信奉与崇拜，布置形式符合国人的心态；苏州虎丘石亭的点缀，宫殿、御园、寺庙中的石灯、桌、椅、凳、茶几布局和现代城市园林与纪念性公园中的主题石质雕塑（如北京天安门广场的人民英雄纪念碑汉白玉石碑及浮雕，广州五羊汉白玉石雕）等，其布局均体现了中华文化之特点，并为中华传统文化内涵的传承和园林景观的营造，增色添景。

石质园林小品及建筑作为园林艺术景观营造的载体，结合我国传统文化的特点以及石质的坚固、耐磨、稳重的特征，在园林造景中其规划布局的艺术手段一般采用以规则式为主，自然式为辅的形式进行景观营造。布局手法主要有：①点置手法；②配对手法；③排列手法；④成林手法；⑤曲线手法；⑥叠加手法；⑦错落手法；⑧混合手法等。

1. 点置手法

点置手法，就是将石质园林小品在不同场地中进行"点"上的布置，突出其主题意境。

① 如右图4-26位于南浔古镇的石桥。为方便河道两岸古镇人们的生活交往和生产需要，在古镇人口较为密集的地方，采取点置手法架设石拱桥（石梁桥），桥上行走，桥下行船，突出石桥在生活、生产中的作用，同时利用桥梁的特点，建造古色古香的富有艺术性的桥梁，营造古镇景观，凸显艺术风格。

② 如左图4-27城市山体周边的石井台。为突出保护水井的功能和作用，整合山体周边的有利地形和环境，保留点置水井

（石井台），挖掘其历史性的典故，使水井（石井台）更富文化性和艺术性，为城市景观增添亮点。

③ 如上左图4-28古镇水岸埠头。古镇根据人们的生活习俗设计点置埠头，方便群众，体现水乡的埠头文化及特色。

④ 如上右图4-29水岸布置组合石凳。在公园水岸点置石凳，让人休息和观赏园林美景，既起到供游人休息、观景的功能，又发挥石凳自身在公园中创造景观的作用。

⑤ 如下右图4-30山坡筑石亭。"亭则停也"。亭是供游人休息的场地；亭是园林造景的重要元素；亭是园林造景中美的体现。利用特殊位置，点缀石亭，凸显景观的整体艺术美。

⑥ 如下中右图4-31寺庙大殿前点置香炉。香炉是佛教五供品之一，具有严肃性，往往点置于大殿门前，让信徒焚香，祈福安康，突出其造景的主题思想。

⑦ 如下中左图4-32商业场所点置香炉。香炉作为商店装饰品，既代表主人的信仰和思想，又传承中国文化的内涵，更凸显场地的艺术氛围和景观意境。

⑧ 如下左图4-33寺庙入口庭院点置鼎。鼎，具有"显赫"、"盛大"的含义，代表着"尊贵"之境界，布置鼎显示此场所的地位和此地的地理位置。

⑨ 如上左图4-34风景名胜区中点置的标志石景；上中图4-35旅游景区中点置的标志石；上右图4-36国际地质大会的说明碑；中左图4-37城市公园的标志石景；中中图4-38井冈山雕塑园的石碑；下左图4-39城市公园中点置的标志石景；下中上图4-40城市文物单位保护标志石景；下中下图4-41新疆火焰山的标志石景；下右图4-42新疆交河古城的标志石景。

2. 配对手法

配对手法，就是将相似（或同样）的石质园林小品在不同的场地进行规则性的"成双成对"的对称布置，产生场景的端正和严肃，体现景观的庄严意境。

① 如上左图4-43台阶两侧对称布置石灯。在城墙入口处台阶两侧，布置规则式的对称石灯，凸显入口处的严肃和端庄之意境。

② 如上右图4-44商业大厅对称布置石柱雕像和点置水钵，形成庄严的场地景观。

③ 如中左图4-45台阶两侧垂带石和垂带石上的石狮成对配置，创造对称的景观艺术。

④ 如中右图4-46广场入口处石狮对称树立，体现场景的严肃意境。

⑤ 如下左图4-47、下中图4-48庭院入口处设置对称的相似石狮，凸显门庭的规则性艺术布局，反映威严、端庄的文化内涵。

⑥ 如下右图4-49寺庙入口布置成双成对的门枕石，凸显寺庙门第的地位和威严布局的文化内涵。

⑦ 如上左图4-50、上中图4-51、中左图4-52的对称布置石狮，下左图4-53、下中图4-54的门枕石（或抱鼓石）的对称布局以及下右图4-55的水钵布置于台阶两侧，都体现了配对手法的特点，彰显着造景的规则艺术。

⑧ 如上右图4-56、中右图4-57福建泉州开元寺的东西两院，双塔树立，与大殿形成对称布置，更体现寺庙园林规则性艺术布局的特色，产生威严肃穆、至高无上的意境。

3. 排列手法

排列手法，就是将石质园林小品在一定的场地范围内进行规则性的有序排列和组合布置，从而产生景观的韵律美和和谐美。

① 如上左图4-58石凳和园路侧石采取不同方向的组合排列，有机布置，使景观的韵律之美得到体现。

② 如上右图4-59泰山石灯的排列布置。山体园路两侧结合栏杆、石灯，形成排列布局，产生景观的整齐艺术效果。

③ 如下左图4-60将台基、台阶、垂带石、栏杆采取组合排列的艺术手法，强调了整体的韵律美和和谐美。

④ 如下中图4-61古建筑中的台阶、垂带石、须弥座等构件有机组合，排列布局，形成了和谐之美。

⑤ 如下右图4-62碑亭中的石碑，各不相同，成排而列，产生有序的美感。

⑥如上左图4-63水池墙壁，龙头石雕，排列布置，喷水而出，创造生动、有序和富有"多水之源"的气氛和意境。

⑦如上右图4-64溪流矴步，一字排列，创造无限的韵律感和节奏感。

⑧如中中图4-65成行排列的石碑，高低错落的布置，形成石碑的序列景观。

⑨如中右图4-66水岸栏杆成列而筑，富有节奏和韵律之美感。

⑩如中左图4-67、下左图4-68安徽歙县棠樾牌坊群（共七座），前后呼应，有序排列，突出氛围，产生强烈的景观效果。

⑪如下中图4-69三间四柱三楼的牌坊，柱与楼的序列布置，产生牌坊的整体艺术美。

⑫如下右图4-70城市广场多个石墩成列而排，产生强烈的视觉美。

4. 成林手法

成林手法，就是将石质园林小品在一定的场地范围内进行高低错落，成林式的布置，以小见大，体现小品的造景优势，使它产生强烈的艺术氛围，烘托景观效果。

① 如左图4-71营造塔林，产生气势；突出主题，体现文化；达到景与文化的有机结合，创造丰富景观的效果。

② 如中上图4-72北京古五塔寺，碑文林立，形式多样，高低错落，气势磅礴，凸显着场地景观的气势，彰显了深厚的文化底蕴。

③ 如右上图4-73入口广场，石柱群立，图案雕饰，增添文化，突出了入口处的景观气势和壮观之景。

5. 曲线手法

曲线手法，就是将石质园林小品在一定的场地范围内采取曲线（或折线）的布置手法，创造景观的生动性和富有变化性的美感。

① 如中下图4-74根据塔的平面形态和艺术特色，在塔的四周布置精心雕琢的曲线或折线石凳，与塔呼应，烘托主题，使整体景观效果更趋艺术性。

② 如右下图4-75在公园水岸布置曲线（或折线）的石凳，让人休息和观赏园林美景，既起到供游人休息、观景的功能作用，又体现小品布局的生动性、灵活性和富有变化性。

6. 叠加手法

叠加手法，就是将石质材料通过递加的艺术手法，营造适合于周围环境的园林景观，使景观层次更加丰富，让人倍感美的享受。

① 如上左图4-76、上中图4-77、上右图4-78私家园林中的置石或假山的创作。利用统一石材，在水岸或庭院中心通过人工的艺术叠加和工艺处理，创造具有"透、漏、瘦、皱、丑"之特色的假山整体艺术，给人以美的享受。

② 如下左图4-79庭院石墙。利用大小不一的毛石材料，通过错落叠加，砌筑石墙，创造自然粗犷而富有艺术韵律的园林景墙。

③ 如下中图4-80建筑台阶。采用叠加手法安筑台基和台阶，创造整齐而富有艺术性的建筑台基和踏跺景观。

④ 如下右图4-81根据地形，运用叠加手法砌筑石墙，安筑台阶和栏杆，形成整体的山体平台等艺术景观。

7. 错落手法

错落手法，就是将石质园林小品的各个单体（或不同规格的石材）在一定的场地内采取错落有致的布置手法，创造富有生动、变化和具有节奏感、韵律感的组合石景。

① 如中上图4-82运用小品中各个单体错落的布置手法，生动地展示了由石碑（高）与人物（大人和书童）石雕组合的，具有体现"告诫性"意义的整体艺术小品。

② 如中中图4-83浙江省博物馆石质小品组合的大门。采取多个石质小品单体进行高低前后的错落组合，产生艺术造型和艺术布局的魅力。

③ 如右上图4-84采用错落手法进行水岸置石，堆叠假山，创造生动活泼，小中见大的美感。

④ 如左图4-85利用山体地形，采用台基、台阶的上下、前后、高低错落的布置，使寺庙与山坡有机结合，产生建筑和小品的层次感和节奏美。

⑤ 如中下图4-86花坛边缘石采取高低错落的手法，使花坛更富有变化。

⑥ 如右下图4-87利用石桌、石凳、石几架的单体变化将其错落有致地布置于庭院，产生强烈地艺术美感。

8. 混合手法

混合手法，就是将石质园林小品的各个单体在一定的场地内为体现景观的主题思想，表达艺术美感，而采取的有规律的、有序的混合布置，达到景观整体富有半曲和立体结合的造型美。

① 如上左图4-88庭院中的石质小品混合艺术布局。在庭院中石缸成对而置；石缸、石桌、石凳直线排列；石桌、石凳与石几架错落布置；形成"四位一体"的有序混合布局，创造了富有庭院小品艺术摆饰的整体效果，凸显了三维空间的艺术之美。

② 如上右图4-89北京圆明园遗址内残存的西洋式建筑与小品的布置。利用遗址内的残存建筑和建筑构件进行有规律的、有序的组合排列，形成前呼后应，错落叠加的建筑石景，突出其艺术性。

③ 如下左图4-90寺庙庭院艺术布局。在寺庙大殿前院将放生池、石灯、台阶、供桌和御路石雕等小品进行多种（点置、配对、排列、叠加、错落等）布置手法，体现寺庙园林的文化内涵，突出主题思想，达到艺术造景的效果。

④ 如下右图4-91寺庙庭院中的石五供小品与佛像的陈设。利用祭案、花瓶（石柱）、门枕石等五供小品的点置、配对、排列、错落等布置手法，营造对佛的敬重和敬畏之意境，体现环境景观的严肃性。

三、石质园林小品的艺术效果

各种石质景观小品由于其功能、特点、作用的不同和所布置场地的位置差异，体现文化内涵的要求不一样，且所营造的景观艺术效果也随之存在着诸多的区别，产生的景观意境也就有所不同。但其创造的原则始终是一致的，坚持挖掘当地的文化特色，弘扬民族文化精神，提升地方的综合品味，满足人们的生活需求，丰富人们的生活乐趣，提高人们的生活质量和幸福感。为此，综合上述原因，从各种石质景观小品所创造的景观效果来看，主要有创造与环境组合的趣味性景观效果、创造与环境组合的主题性景观效果、创造与环境组合的文化性景观效果、创造与环境组合的艺术性景观效果等手法，来体现营造的艺术性。

1. 创造石景与环境组合的趣味性景观

在城市公园、城市广场、庭院绿地中往往营造带有娱乐性和知识性的石质小品，来启发游人，从而产生景观的寓教于乐作用，使景观小品更具趣味性。

① 上图4-92保定清西陵栏杆柱头装饰一对嘴对嘴的石雕鹤，让游人对小品艺术产生趣味性。

② 中左图4-93城市公园中布置童男、童女石雕，其造型与动作富有趣味性。

③ 中右图4-94城市公园中设计鲤鱼与喷泉组合的石雕，利用喷泉的动感，鲤鱼的形态造型，产生富有寓教于乐的效果。

④ 下左图4-95山地公园挡土墙，用石材砌成波浪形图形，既突出艺术性，又产生趣味性。

⑤ 下中图4-96小溪流水与多组相连的石磨下扇结合，营造水从石磨而流的水景，使景观生动活泼，更具趣味性。

⑥ 下右图4-97城市公园布置多个盘式花钵，弧形排列，与植物相配，相互衬托，产生景观的趣味性。

⑦ 上右图4-98一盆高大的母猪与神态各异的猪仔组合形成的石雕艺术品，陈设于客厅，让人欣赏雕艺之外，更能产生寓教于乐的作用。

⑧ 上左图4-99石磨、水钵、滴水组合成景，设于店堂，产生乐趣的景观，吸引客户。

2. 创造石景与环境组合的主题性景观

具有文化内涵的石质景观小品布置于公园绿地或城市广场或其他园林（陵园）中，创造当地（或公园）的主题景观，反映主题思想，传递城市或园林中的一些典故和传说，来唤起人们对其的记忆和回顾，从而产生公园景观的文化性，突出主题性。

① 下左图4-100长春世界雕塑公园中29.5m高的题为"友谊、和平、春天"汉白玉主题雕塑（巨大女神像）景观，造型精美，气势壮观，象征着和平和友谊，体现了中国文化的主题思想。

② 下中图4-101厦门鼓浪屿日光岩上塑造的郑成功石像（巨型花岗岩雕像），唤起人们对他的记忆，意在寄托对英雄的缅怀和对台湾的思念，凸显公园的主题。

③ 下右图4-102澳门大三巴牌坊，1580年竣工，为圣保禄大教堂的前壁，是澳门最具代表性的名胜古迹。此牌坊雕刻精致，巍峨壮观，将欧洲文艺复兴时期"巴洛克"式建筑与东方具有代表性的牡丹、菊花和佛教式狮子等图案、石雕糅合一起，体现东西方文化艺术的交融。反映澳门当地的历史文化与城市变迁的经历。此景主题突出，富有艺术性。

④ 上左图4-103在厦门园博园西安园中所布置的"丝绸之路"主题雕塑，展示了以长安（今西安）为起点的东西方经济文化交流的历史，充分体现了西汉时期的政治、经济、文化共同发展的主题思想。

⑤ 上右图4-104在浙江温州中山公园布置的白鹿雕塑。据传说在筑城时，有只白鹿衔花疾奔而来把花吐在城墙上，然后化作一团祥云冉冉飞入天际，白鹿跑过的地方，形成一片鸟语花香。因此，人们为取吉利，称温州为白鹿城或鹿城。为此塑筑白鹿雕塑景观，反映城市的典故和传说。

⑥ 下左图4-105三峡坛子岭景区布置的"江底石"花岗岩雕塑，重达20多吨，人们习惯称它为"万年江底石"，经科学家们考证，它距今已有8亿年的历史。当人们站在"江底石"雕塑前，可以从它身上了解到古老长江的世事变迁和沧海桑田的变化，体现了长江的悠久历史和雕塑的主题思想及寓意等。

⑦ 下中图4-106三峡坛子岭景区布置的"截流石"雕塑，重达28吨，三角形四面体。因在三峡工程建设时，根据现代治水或水能利用的工程原理，三维体中的三角形四面体巨大块石最具有抗激流性和稳定性，因此此材作为工程建设的主要材料。为突出科学治水的理念，传播工程建设的有关知识，在坛子岭景区布置"截流石"镇水主题标志性雕塑，来凸显三峡工程建设的成果。

⑧ 下右图4-107重庆人民广场的"母子情深"雕塑，凸显国家的相关政策，反映当代社会的文明和进步，使主题思想在石质景观中得到体现。

⑨ 图4-108～图4-118我国著名的南京明孝陵神道石雕。

明孝陵，是明代开国皇帝朱元璋和皇后马氏的合葬陵墓。因皇后谥"孝慈"，故取名为孝陵。它坐落于南京市东郊紫金山南麓独龙阜玩珠峰下，西侧为茅山，东毗中山陵，南临梅花山，是南京最大的帝王陵墓，也是中国古代最大的帝王陵寝之一。

其中明孝陵神道，长约1800m，中段为石象路，两侧相向排列着12对巨大石兽，分别有兽狮、獬豸、骆驼象、麒麟、马和象6种石雕，每种两对，姿态一对伏，一对立。后面是一对高大的华表，上雕云龙，气势不凡。再折向北面的神道上分别列着4对身着蟒袍或盔甲的文臣武将石雕巨人。

由此可以看出，皇陵布局庄严，神秘无比，充分体现了封建社会帝皇制度的特点和建造陵墓的皇家主题思想。

上左图4-108、上右图4-109石象；下左图4-110六种石兽的全景；下中图4-111、下右图4-112华表（墓表）

上左图4-113、上右图4-114麒麟；
下左图4-115、下中左图4-116身着蟒袍的文臣；
下中右图4-117、下右图4-118身着盔甲的武将。

⑩上图4-119北京十三陵明思陵的石五供布置。石五供，位于十三陵明思陵的明楼宝顶前，是皇帝、皇太后、皇后及妃嫔、公主等祭祀的地方。它的布置分为前后两套，前面一套是五个相互独立的供器，正中为香炉；左右为烛台；最内边的是花瓶；五供器都有石座。后面一套是祭案，案上放有桔、柿、石榴、寿桃和佛手五盘石制供果，形象逼真。它是明代典型的石五供布置形式，象征着皇陵香火永旺，神火不灭，一年四季都在享受后代子孙的供养等主题思想。

⑪下中图4-120北京明十三陵陵园入口前"圣德牌楼"。石牌楼建于明嘉靖十九年（1540年），为五间六柱十一楼，全部用白石和青白石材料雕刻而成，是我国现存营造时间最早，建筑等级最高的大型仿木结构石牌楼。牌楼是纪念性和装饰性的建筑物，古人立牌坊是表达人们对人生理想的追求，或对已故人的功绩进行颂扬、表彰、纪念和对后人祈求、祝福等，是人类情感的一种物化表现。为此，"圣德牌楼"建于明十三陵陵园，体现着为皇帝歌功颂德的意愿和纪念之情，反映了皇帝陵园的主题思想。

⑫下右图4-121新加坡鱼尾狮景观。传说当年一位马来的王子在高山上打猎，发现新加坡这座小岛，踏上这座小岛，就看见一头神奇的野兽，后来他才知道那是头狮子。于是，王子就将这座小岛命名为狮子城，后人为了纪念王子，就把狮子和大海联系起来形成鱼尾狮，故新加坡被称为"狮城"。从此，鱼尾狮就成了新加坡的标志。

⑬下左图4-122，弘一法师1942年圆寂于福建泉州，因多次讲经于泉州承天寺，为纪念弘一大师的功德，故在寺院中特设石碑，缅怀已故的大师，凸显寺院的文化内涵和纪念主题。

⑭中上图4-123及右侧三幅图4-124～图4-126上海炮台湾湿地森林公园主题雕塑群的营造。因现公园建在清政府时期曾建过的水师炮台原址，为纪念率军镇守炮台，抗击英军，直至壮烈牺牲的清朝名将陈化成及已故民族众英烈和抗战初期中国军队十九路军两次顽强抵抗日军侵略的壮举事迹，回顾清朝末期中国第一条铁路"淞沪铁路"从此地始发开往上海闸北老北站的历史。在此结合公园造景，布置主题雕塑群，展示当地历史文化和弘扬民族精神，以启迪和教育人们。右上图为"炮"雕塑，中上图为十九路军将士顽强抵抗日军侵略的浮雕，右中图为中国第一条铁路"淞沪铁路"火车头雕塑，右下图为炮台湾抗击英军的场景浮雕。

⑮左图4-127，在浙江永嘉县五尺乡中国工农红军第十三军军部旧址纪念碑广场前，树立"血染的丰碑"巨型花岗岩石雕群，再现浙南儿女手拿着大刀、梭镖、锄头，扛着土枪，裕血战斗的场面，来缅怀烈士的丰功伟绩。

⑯中下图4-128，浙江温州市挖掘历史人文景观，丰富城市文化内涵，在江滨东路滨水绿地上恢复"北亭遗址"，布置大型浮雕（壁雕），体现遗址的主题景观。其中：在浮雕上雕刻着人物（谢灵运）、植物（榕树）和《北亭与吏民别》诗词，以纪念永嘉（今温州）太守、山水诗鼻祖谢灵运离任时的故事，再现人文历史景观，回归老温州的风情。

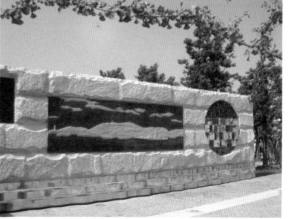

⑰ 中上图4-129水池、置石衬托着石灯，反映了古典庭院艺术布局的风格，同时也体现了古典园林的营造艺术。

⑱ 右上图4-130石碑是亭的主景，碑中的石刻文化是景观的主题。在西湖十景之一的"断桥残雪"景点中，东北角的碑亭景观，由于石碑里刻有清朝康熙帝御笔的"断桥残雪"四字，使景点更加增色添彩，同时也再现了《白蛇传》故事中"断桥残雪"的历史典故和传说，凸显了人文景观的主题思想。

⑲ 中中图4-131浙江温州护国寺中的主题石碑布置。大殿左侧庭院中在如意台基上布置着正面刻有建寺记，背面刻有"顿悟如来"四个字的石碑，充分体现了佛教的历史文化内涵和寺庙园林的主题景观。

⑳ 左图4-132福建泉州承天寺的入门内甬道的主题景观布置。寺门坐东向西，入门处为月台，高悬"月台"二字的竖匾；山门壁柱有弘一法师"有无量自在，入不二法门"的题联。进入山门，是一条宽约5m、长约100m的甬道，甬道一侧用间植榕树衬托着七座佛塔，突出了佛教（寺庙园林）的主题景观，反映了承天寺的历史及文化内涵。

㉑ 中下图4-133福州鼓山涌泉寺甬道布置。位于福建福州市鼓山中的涌泉寺，一道弯曲的甬道，在佛教红墙的夹衬下沿道两侧成对成列布置着古色古香的经幢佛塔，突出了寺院的佛教主题景观。

㉒ 右下图4-134，海南三亚南山寺，园路一旁夹道成列布置着六角形长命莲花石灯，气势壮观，体现佛教圣地的艺术布局和文化内涵。

㉓右上图4-135温州龙湾区国安寺入口处用高大的楼阁式石塔和一排五轮式墓塔进行布置，充分体现佛教文化的主题景观和寺庙的人文意境。

㉔中上图4-136、中下图4-137福建崇武古城主题石雕园，在园中布置了《水浒传》中108将形态各异的人物石像景观，让人们回忆历史，回顾108将绿林好汉的人与事，充分体现了公园主题景观具有寓教于乐的意义，为文化景观的创造和内涵的挖掘产生了积极的作用。

㉕左图4-138扬州盐宗庙门口的主题景观布置。入口门庭简洁大方，两侧设有成对而立的雕艺精湛的门枕石，门梁上方筑有"盐宗庙"三个字的石匾额和图案砖雕，从而突出了庙宇门庭的主题文化。

㉖右下图4-139寺庙门口布置着成对华表和成对石狮，体现寺庙园林的布局艺术，同时也反映其佛教文化的主题思想。

3. 创造石景与环境组合的文化性景观

作为石质景观小品，除自身造型包含着一定的艺术性外，与其他不同的园林景观进行有机组合和相互融入，还可创造适合当地的，具有文化特色的艺术景观，并且更能发挥其一定的视觉感染力和文化生命力，使特殊的义化内涵更加得以体现。

① 上图4-140广州雕塑公园大门旁的华夏柱（花岗岩群雕）布置。华夏柱雕塑群由五根花岗岩巨柱组成，每根柱上镌刻的文字符号和图案，均浓缩着中华民族五千年的灿烂文化，象征着中国五千年的文明史。第一根华夏柱从上到下，分别刻着中国最早的仰韶文化的文字、"八卦图"和战国时铜壶上的"水陆攻战图"，青铜器上的"双龙"花纹，甲骨文及古代作战令的"虎符"，双人习武图案等；第二根华夏柱，分别刻着"剑"图案，"中"字和战国、汉代时期狩猎的生活图，象形字"车"、"千秋万岁"及绿色"鸟"字、春秋时期的铜器铭文等；第三根华夏柱，刻着"众人协田"收割图，新石器时代马家窑的陶罐，古画"五牛图"里的一头牛，"云彩图"，"武士出巡（征）"图，汉代甘肃的"马踏飞燕"，汉代壁画"渔猎图"，辟邪神兽图，"云彩图"，"龙"字，"龙云图"和"来"字，"打麦子"收割图、"鱼"字图以及"文行忠信"的楷书等；第四根华夏柱，有仿照南越王墓出土的"文帝行玺"印章，秦始皇统一文字时宰相李期所写的"峄山碑"，齐国钱币中的"刀币"和"六骏图"中的一匹骏马图案等；第五根华夏柱，有"青龙图"，佛的"捻花手印"，"一帆风顺"图案和我国四大发明的"造纸"图、"印刷"图、"造船"图等，还有"鹿"、"龟"图案及李时珍熬中药图案等。

这五根华夏柱，充分体现了中华民族文化的精髓，寓意着历代华夏儿女的奋斗精神。因此，此景在宽阔的公园广场及花木的衬托下，形成了一处雄伟壮丽的公园入口主题文化景观。

② 下左图4-141浙江宁波中华石窗园入口处的"九龙喷泉"石景布置。此景通过石材造型，创作具有中国文化特色的"青石踞九龙，三星送瑞福"的意境（"龙"代表中国，"九"代表无穷大），体现中华文化的深厚内涵。

③ 下中图4-142浙江宁波中华石窗园中石桥、石坊景观布置和文化内涵。公园小桥流水，园路石坊，绿树花丛的艺术布局；单孔拱桥（石桥）栏板中雕琢的中华民族吉祥图案；一间二柱一楼石坊中的斗拱、檐楼等设置；都充分体现了中国园林造景的主题文化和景观艺术。

④ 下右图4-143上海豫园九龙池景观布局。九龙池位于豫园内静观大厅东南侧，池内砌筑湖石假山，东西池壁隙间藏着4个石雕龙头；水中倒影亦产生着4个龙头；由于水池形状相似龙身，从而形成了九龙共舞，故称九龙池。因最大的数字为"九"，"龙"是中国的象征，因此体现了中国文化的主题内涵。图为九龙池标志性"龙"雕景观。

⑤ 上左图4-144福州于山大士殿，又名观音阁（现为福州市博物馆），门前台阶、垂带石和一对石狮置于门庭两侧，形成我国寺庙园林固有的对称规整的布局形式，体现庄重、严肃的造景文化。

⑥ 上右图4-145寺庙入口前广场，布置石塔，成行而立，突出重点，体现佛教文化，产生庄严的景观意境。

⑦ 下左图4-146苏州文庙入口布置七间八柱的棂星门（棂星门一般为封建帝皇陵寝建筑，因孔子尊为孔圣人，与皇帝并列，故享受此殊荣，说明孔子在当时人们心中的地位和声望），也称牌坊，其柱枋镌刻龙凤、云鹤、花卉、如意等具有中国特色的图案，体现其文化景观。

⑧ 下中图4-147苏州虎丘剑池千人石上仿照陀罗尼八棱石经幢而建造，并刻有佛教密宗的咒文或经文、佛像等，凸显佛教文化。

⑨ 下右图4-148，由于福建泉州港是古代东方海上丝绸之路的起点，为引导古代过往船只的方向和识别港口的位置，特在溜石山上（现为泉州刺桐大桥晋江南岸滨江商务区"溜石访古公园"内）建造溜石塔，又名"江上塔"。据晋江史书记载："该塔始建于明万历年间，高约20m，共13层，石结构，平面呈八角形，塔尖高擎"。现通过对公园的改造和建设，挖掘和保护古塔文化，在公园古塔处保护古树，布置假山，让树、山、塔融为一体，营造公园"访古"之景，突出区域历史人文景观，使景观更具文化性。

⑩ 图4-149～图4-155门枕石与环境组合凸显景观的文化性。

作为大门建筑构件的门枕石，既是建筑的门脸，又是门第的标志，在我国历朝历代应用时非常讲究，且具有一定的文化性。它的文化性可在我国现存的古建筑或古典园林布局中看出一丝痕迹，不难发现其应用的奥秘。

门枕石的高度，与贵族的地位、官员的官位相关，与公堂、庙宇、祠堂等公共建筑的性质也相关。如，规模较大的贵族府邸屋宇门建筑一般建造的较大较高，则匹配的门槛也就较高，门枕石的单体高度自然而然也就高，从而凸显贵族的地位；反之，门枕石的高度就低。门枕石抱鼓形的"抱鼓石"鼓身厚度也有差别，一般南方的鼓身普遍要薄，北方的鼓身较厚；富有的门户其大门的抱鼓石鼓身较厚，雕刻的纹样也特别突出；反之则薄，纹样突出比较浅。"抱鼓石"的鼓身雕纹，不论是北方，还是南方的抱鼓，鼓面上一般都有纹样装饰，雕刻的内容有简单的螺旋纹、转角莲、花草、鱼、暗八仙等吉祥纹样和较为复杂的马、鹿、狮子滚绣球等高雕图纹和纹样，也有全素面，无雕纹的抱鼓石等。不同的纹样，代表着不同的建筑性质或主人的身份地位和等级，有着非常严格的使用范围。但"抱鼓石"鼓身所雕刻的纹样，都取之于我国吉祥、辟邪的图文，代表着人们驱魔除怪、盼望平安吉祥的心愿。

总之，门枕石经过长期的发展和变化，都有着不同时期、不同地区的文化特点，这些特点始终反映了门枕石的运用方式及文化内涵，体现着文化和艺术结合的建筑景观。

如右中右图4-151苏州古典园林中的门枕石鼓身雕纹特别突出，显示主人的富有；右中左图4-150抱鼓石鼓身较厚，左下左图4-153抱鼓石鼓身较薄，都反映了其特点。

⑪ 中上图4-156福州泉州蔡氏古民居门墙石雕艺术。蔡氏古民居的宅门一般采取石柱、石梁、石枋等构件而筑，其雕琢的纹样均采用平安、吉祥、如意的图文，别有一番情趣；民宅建筑的石墙勒脚同样修饰纹样，体现着晚清时期的历史人文景观。

⑫ 右上图4-157浙江南浔刘氏红房子建筑，采用中西合璧的建筑形式，以精美的中式石雕艺术与异国风情的建筑立面相互交融，凸显文化艺术的效果。

⑬ 中中图4-158福建泉州土地庙大门两边的墙壁（门屋路壁堵），壁上精雕细琢出的花鸟虫鱼、名人诗词或人物故事等，都体现着中国的历史人文景观。

⑭ 左图4-159福建泉州民宅门庭的门楣、勒脚（包括角碑石础等）石雕及墙身的山墙、腰线等图案装饰，无不代表着地方文化和建筑艺术风格。

⑮ 中下图4-160福建泉州民宅门庭的勒脚、腰线、镂花窗等石雕，其吉祥纹样均体现着闽南文化的特点，使建筑景观更加丰富。

⑯ 右下图4-161福建泉州民宅门庭的壁墙、腰线、门楣、石柱、门枕石等所雕的动物花卉、戏曲人物、吉祥文字，无不体现着当地深厚的历史文化底蕴和高雅的艺术情趣。

⑰ 图4-162～图4-164上海嘉定孔庙入口处的石质小品及布局的文化意境。

孔庙大门为"棂星门"（石牌坊），棂星，即灵星，又名天田星。古代祭天，先要祭祀灵星。为此孔庙设门，名灵星，是说尊孔如同尊天，反映了大门的文化意境。而在"棂星门"前（南面）有一座"仰高"牌坊，"仰高"二字出自《论语》"仰之弥高"，意思是赞扬孔子的学问博大精深和人们对孔子的敬慕之意；右边（西面）有"育才"牌坊，"育才"表示孔子办学其目的是为了培育人才；而左边（东面）有"兴贤"牌坊，"兴贤"代表选拔有才能之人；故这三座牌坊都赞美了孔子的人品和美德。"仰高"牌坊两侧又有一排石栏，其望柱头雕有72只姿态各异、刻工精巧的石狮（被世人誉为"石雕艺术的殿堂"），象征孔子培育的72贤徒，说明孔圣人育才有方。

从孔庙的"棂星门"和门前的牌坊、栏杆上72只石狮的布局来看，充分体现了其文化内涵。

上：图4-162
棂星门
下右：图4-163
栏杆和72
只石狮
下左：图4-164
仰高坊前
的石狮

⑱ 左图4-165浙江南浔古镇刘氏家庙门前的布局。南浔小莲庄内刘氏家庙，坐北朝南，前有八字影壁；门前东、西两侧对立着清·光绪御赐的石坊，一座为"贞节坊"，另一座为"乐善好施坊"，都为三间四柱五楼石坊，均建于清光绪年间；石坊中间有两块"下马石"，门前有一对雕镂精巧、栩栩如生的蹲坐石狮。充分体现了刘氏家庙门前的布局艺术和文化景观。

⑲ 中图4-166山西平遥古城博览苑中"四世同堂"民居建筑布局。博览苑宅门外两侧布置着拴马柱、上马石和石狮，体现主人的财富和实力。从外院跨入内院有一座精美的砖雕垂花门，门中央挂着一块非常吉利的匾额"四世同堂"四个字，寓意着百子千孙，子嗣兴旺；"四世同堂"院落中央布置着元宝石，起招财进宝的作用，为了守护元宝石的安全还在院中设置石狮；垂花门门槛较高，进门要上多级石台阶，门两侧设置了一对抱鼓石等。这种典型的对称式四合院布局和院落的小品摆设，充分体现了具有北方特色的，古色古香的山西平遥建筑风格和庭院布局。它不仅具有深厚的历史价值、民俗文化价值和建筑艺术价值，更是集中体现了我国古代建筑文化的精髓。

⑳ 右图4-167平遥古城民居的门楼布局。一座精美的砖木结构低墙门楼（垂花门），门楼高于墙体，墙体砌筑方块的砖雕；门枋（梁）下布置花纹门罩；门和台阶两侧设置成对带狮子的抱鼓石；反映了北方民居门楼的布局特色，也充分体现了其造景的文化内涵。

㉑上左图4-168乐山大佛的布局。

乐山大佛位于四川省乐山市南岷江东岸凌云寺一侧，临近大渡河、青衣江、岷江三江汇流处。大佛为弥勒佛坐像，高71m，是唐代摩岩造像的艺术精品之一，也是我国现存最大的一尊雕刻精湛的摩崖石刻造像。他那深情自若、体态雍容的造型，与自然山水相互交融，与峨眉山遥相呼应的规划布局，无不体现我国传统艺术造景的高超水平，也凸显了佛教文化的深刻内涵。

㉒图4-169～图4-174新疆石人的文化挖掘。

在新疆阿勒泰地区大草原上，矗立着一群石刻人像（石人群）。石人高2m左右，脸型宽圆粗大扁平，蓄有八字胡须；身着翻领大衣，束腰带；有的佩剑或短刀，腰间悬挂饰物；有的有发辫，有的身上刻有古代少数民族文字。这些石人雕刻均比较简单，其形象只是大轮廓表现，一般没有细部刻画，显得古朴，威严，但经长期风化其样子变得沧桑。不管石刻人像雕刻如何，总是代表着民族的一种文化，反映着草原的人文景观。

4. 创造石景与环境组合的艺术性景观

石质景观小品与环境组合除具有趣味性、主题性、文化性景观以外，还具有艺术性景观。她的艺术性景观不仅包含小品的材料取舍、立体造型、纹样装饰、细致雕琢等艺术性创作，而且更重要的是对小品进行艺术性的布置和与环境的有机组合，使人感到赏心悦目，视觉备受美的感染，才能真正达到完美的艺术景观。

① 上图4-175上海街头绿地艺术性的布局。圆形的院落，圆形花架，圆形的水池；放射性的石板装饰和块状的卵石铺装；构成了点（中心圆水池）、线（放射状石板装饰和圆形弧线状花架）、面（卵石铺装）有机结合的平面和立面构图，从而产生了强烈的视觉美。

② 中左图4-176水乡古镇的桥梁艺术景观。古镇的小桥流水，拱桥跨河；有水有桥，水显古桥；构成一副立体的水城画卷。古桥的曲线拱桥，拱券凹凸；梯级踏跺，条石横砌；栏板斜卧，望柱雕饰等，体现了石拱桥的精美造型；两者的结合创造了古镇的艺术景观和品位的魅力。

③ 中右图4-177圆形的水池，弯曲的石坎，叠加的踏步，多彩的石板，构成条与块，线与面的组合；水底的模纹与陆地的斑块相互映衬；构成了强烈的图案美和视觉艺术美。

④ 下左图4-178厦门园博园"皓洁桥"花岗岩雕塑。该雕塑以"月亮"和"船"为设计元素，创造了"弦月低挂，船儿荡漾"的美妙景观，体现了"月光皎洁，涟漪轻漾，优美惬意"的艺术景观。

⑤ 下中图4-179、下右图4-180大连老虎滩虎雕群的造型艺术和艺术的布局。虎雕群位于虎雕广场，全长35.5m，宽、高各为6.5m，是由500块花岗岩通过精雕细琢而成的形态各异的6只老虎。各虎大小不一，形态不同，但方向一致（朝向东方），其形态个个虎虎生威，极为壮观，体现出虎雕群具有丰富的艺术性。

⑥ 图4-181～图4-186挪威维格兰雕塑公园中各种形态的人物石雕（花岗岩雕塑）组合与布局。

维格兰雕塑公园位于奥斯陆西北部，园内共有192座裸体雕塑，所有的雕塑中共有650个人物雕像，雕像由铜、铁或花岗岩精心制成，耗费20多年。公园内所有雕像的中心思想，集中突出一个主题"人的生与死"。从婴儿出世开始，经过童年、少年、青年、壮年、老年，直到死亡，反映人生的全过桯。

在公园的石雕集中地方，布置圆形台阶和台阶上的圆形平台，平台中央高耸着生死柱，圆台阶周围匀称地布置着36座花岗岩石雕。生死柱，高达17m，周围上下刻满了121个裸体的男女，体现着不同的神态和不同的人生经历；而圆台阶周围则布置着36座从婴儿出生开始，依次环行，渐渐看到人生各个时期的形象石雕。比如孩子们在捉迷藏，少年们在扭打玩耍，情人在窃窃私语，老人们熬度暮年，环绕一周，到第36座死亡球塔为止。

从雕塑群整体布局来看，多而不乱，错落有致，突出主题；从雕塑群的单体来看，造型优美，神态逼真，精致大方，响应主题，无与伦比。整个雕塑群具有极强的艺术性，不愧为挪威雕塑大师古斯塔夫·维格兰花费14年心血雕成的力作。

⑦ 上左图4-187澳大利亚某教堂门窗的艺术美。高大宏伟的教堂建筑，用黑色石材砌筑，配以乳白色拱形雕花石门窗，形成黑白对比，直线与弧线对比，突出了教堂整体的景观艺术美。

⑧ 上右图4-188沈阳故宫石雕陈设。沈阳故宫清初为皇宫，后称奉天行宫，是中国现存仅次于北京故宫的最完整的皇宫建筑。在建筑艺术上承袭了中国古代建筑的传统风格，集汉、满、蒙古族建筑艺术为一体，具有很高的历史和艺术价值。其中陈设在宫中的古石塔、古照壁石雕、古石碑等个体和个体之间的组合景观，具有极高的文化和艺术价值。

⑨ 下左图4-189、下中图4-190浙江嘉兴盐官海神庙的艺术性布局。海神庙，又称"庙宫"，位于盐官观潮景区盐官镇东，占地40亩，规模庞大，建筑布局严谨。庙中的主轴线上依次有庆成桥、仪门、大门、正殿、御碑亭、寝殿等。仪门口两侧布置了两座蹲坐的石狮，仪门前广场两侧又分别建有一座汉白玉石坊，正殿左右两侧还设置了石碑等，是一座典型的专门祭祀"浙海之神"的宫殿式庙宇建筑，被世人誉为"江南紫禁城"之美称。海神庙的规划布局具有典型的皇家宫廷建制，它的布局主题思想和建筑的艺术景观，明显体现了皇宫的文化和艺术内涵。

⑩ 中图4-191寺庙甬道的布局。寺庙甬道两侧成对布置着门枕石、抱鼓石和石狮，既创造了寺庙的严肃性、庄严性，又体现了布局的艺术性。

⑪ 下右图4-192北京故宫各殿的台基艺术性建造。故宫的太和殿、中和殿、保和殿都建在汉白玉砌成的8m高基台上，基台三层重叠，每层都有用汉白玉雕刻的栏板、望柱和龙头（螭首）装饰于台面边缘。为方便台面排水和创造宏伟的基台景观，在栏板的地栿石下和望柱下均刻有小洞口，并在望柱下伸出龙头（螭首）石雕。每到雨季，三层台面的雨水逐层由各小洞口下泄，水从龙头（螭首）流出，形成千龙喷水，蔚为壮观的景象。这种设计方法充分体现了科学性和艺术性的有机结合。

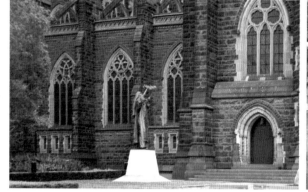

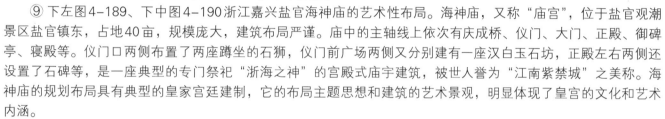
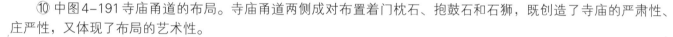
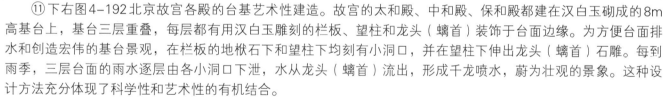

⑫上左上图4-193私家庭院的艺术性景观。庭院天井，水井井台，条石铺地，置石点缀，凸显了院落的优雅和艺术布置的景观效果。

⑬上左下图4-194福州白塔寺大雄宝殿前的艺术布置。结合佛教的文化理念，从下而上布置了放生池、龙石雕、石壁雕和石供桌等设施，形成布局的艺术性，同时通过水循环原理，使龙石雕的龙头喷水，产生富有特色的艺术景观。

⑭上右图4-195寺庙大殿呈四合院式的艺术性布局。寺庙大殿，古式建筑；踏步平台，承托殿堂；石栏雕刻，整齐安置；形成四合院的空间布局，产生严谨、端庄的艺术景观效果。

⑮下左图4-196上海豫园九龙池旁雕琢细腻的龙纹式汉白玉水钵（花瓶），不仅具有一定的艺术价值，而且与环境融合在一起更富有文化性。

⑯下中左图4-197、下中图4-198寺庙大殿，石雕龙柱；纹样墙壁，雕艺精湛；具有极强的文化性和艺术性。

⑰下中右图4-199苏州拙政园和下右图4-200苏州留园中的水中石塔（经幢）。石塔体量不大，造型精巧，雕刻细腻；水中布置，塔影倒挂，相互辉映；形成了优美的艺术景观。

⑱图4-201～图4-204，温州雁荡山风景区内各种字体的摩岩刻石艺术，既有景观的主题性和文化性，又有文字的景观艺术性，反映了风景名胜区不仅具有悠久的人文历史，而且还富有精美的艺术景观。

参考文献

［1］梁思成著. 清式营造则例. 北京：中国建筑工业出版社，1981.

［2］姚承祖原著. 张至刚增编. 刘敦桢校对. 营造法原（第二版）. 北京：中国建筑工业出版社，1986.

［3］刘致平著. 中国建筑类型及结构（新一版）. 北京：中国建筑工业出版社，1987.

［4］张绮曼，郑曙旸主编. 室内设计资料集. 北京：中国建筑工业出版社，1991.

［5］田永复编著. 中国园林建筑构造设计（第二版）. 北京：中国建筑工业出版社，2008.

［6］王其均著. 中国传统建筑雕饰. 北京：中国电力工业出版社，2009.

［7］筑龙网组. 古建筑营造技术细部图解. 石四军主编. 沈阳：辽宁科学技术出版社. 2010.

［8］香山职业培训学校. 古建筑技师职业资格鉴定规范（南方地区）. 北京：中国建筑工业出版社. 2010.

［9］楼庆西著. 砖石艺术. 北京：中国建筑工业出版社. 2010.

［10］张驭寰著. 古塔实录. 武汉：华中科技大学出版社. 2011.